Untouched Nature

© 2012 **eoVision** GmbH
Franz-Josef-Strasse 19
5020 Salzburg, Austria
Tel.: +43 662 243217
Fax: +43 662 243217-11
office@eovision.at
www.eovision.at

Coordination and satellite image processing
Gerald Mansberger

Concept and content development
Markus Eisl, Judith Grubinger-Preiner, Gerald Mansberger,
Paul Schreilechner, Harald Suitner

Design and layout coordination
Eric Pratter, media&design

Translations
Textcase

logos
Edito e distribuito in Italia da:
© Logos, 2012
Strada Curtatona 5/2
41126 Modena
Tel.: 059 412 648
Fax: 059 412 441 / 443 / 445
E-Mail:commerciale@logos.info
www.libri.it
www.logosedizioni.it

ISBN: 978-3-902834-08-9 (German)
ISBN: 978-3-902834-10-2 (English)
ISBN: 978-2-8099-0717-9 (Place des Victoires France)
ISBN: 978-3-902834-11-9 (Dutch)
ISBN: 978-88-576-0464-0 (Logos Italy)
ISBN: 978-3-902834-09-6 (Spanish)
ISBN: 978-3-902834-12-6 (Portuguese)
ISBN: 978-3-902834-13-3 (Swedish)

Printed in China

Created and distributed in cooperation with Frechmann Kolón GmbH
www.frechmann.com

Untouched Nature

NATURE LANDSCAPES IN SATELLITE IMAGES

NATURLANDSCHAFTEN IN SATELLITENBILDERN

PHOTOS SATELLITES DE LA NATURE

NATUURLANDSCHAPPEN IN SATELLIETBEELDEN

PAISAJES DE LA NATURALEZA EN IMÁGENES POR SATÉLITE

IMMAGINI SATELLITARI DI PAESAGGI NATURALI

PAISAGENS NATURAIS EM IMAGENS DE SATÉLITE

NATURLANDSKAP I SATELLITBILDER

INTRODUCTION [EN]

SATELLITE IMAGES DOCUMENT NATURAL LANDSCAPES

Unspoiled nature? Due to rapid development in recent decades our planet has become a "global village", where the ever-increasing population consumes more and more resources and leaves its mark everywhere. Are there any natural landscapes remaining that have not been affected by man?

The concept of an idyllic, untouched natural landscape is a romantic idea of a perfect world free of problems. Philosophers like famous Rousseau see this primeval world as a contrast to a world that has lost its innocence after being subjected to human habitation. As far as the financial aspect is concerned, large parts of the world are still unspoiled and contain natural resources underground, wood and land that can be exploited once the appropriate transport connections are realized. This is why it is becoming harder and harder to find places on this planet without signs of human activity. This applies especially to areas where the human species has been especially successful in establishing its dominance such as in Europe and North America. But even supposedly pristine landscapes are, upon closer inspection, often marred by footpaths and signs of grazing.

This volume is not solely focused on untouched nature, because the human species is part of this planet's life forms, but rather on the depiction of landscapes where man has left only minimal traces and, as a result, has left room for other species to develop.

A view of the world from a satellite orbiting some 480 - 680 km above the earth's surface shows an incredible diversity of natural structures. Whether it be geological faults in the Australian Outback, fractal patterns of mangrove forests that resemble the branches of a lung or the captivating symmetry of volcanoes with vegetation adaptable to their elevation – amazing patterns and rich colour combinations can be found everywhere.

Unspoiled nature is often found where there is nothing to exploit or the costs of exploitation are too high. This includes regions at high altitudes, in the midst of hostile deserts and the icy wastelands of Antarctica. But even in these areas the human desire to experience "unspoiled nature" often places pressure on the very ecosystems people seek to experience. Moreover, some of our examples may not show direct human exploitation, but mines or oil wells are often nearby. This illustrates just how little importance we still place on protecting natural areas. In recent years progress has been made with some 13% of the areas being more or less strictly protected and providing at least some place on earth for biodiversity to retreat to safety. The view from above highlights the beauty of this diversity and helps to make us aware of its importance.

VORWORT [DE]

SATELLITENBILDER DOKUMENTIEREN NATÜRLICHE LANDSCHAFTEN

Unberührte Natur – unser Planet hat sich durch die rasante Entwicklung vor allem der letzten Jahrzehnte längst zum „Globalen Dorf" entwickelt, in dem steigende Bevölkerungszahlen und zunehmender Ressourcenverbrauch überall ihre Spuren hinterlassen. Gibt es noch naturbelassene Landschaften, die nicht vom Wirken des Menschen geprägt sind?

Die Idee der ursprünglichen und idyllischen Natur existiert als romantisches Konzept einer idealisierten heilen Welt. Für Philosophen wie Rousseau steht sie im Gegensatz zu einer Welt, die durch die Betriebsamkeit des Menschen ihre Unschuld verloren hat. Für große Teile der Wirtschaft ist unberührte Natur „noch" unberührt. Sie beinhaltet stets die Chance auf zu hebende Bodenschätze, auf verwertbares Holz und auf Land, das nach verkehrstechnischer Aufschließung in Besitz genommen werden kann. So ist es in vielen Teilen der Erde schwierig, Flächen ohne Zeichen menschlicher Aktivitäten zu finden. Das gilt speziell dort, wo der Mensch besonders erfolgreich war, wie in Europa und Nordamerika. Aber auch in vermeintlich naturbelassenen Landschaften werden bei genauerem Hinsehen oft Fußpfade und Spuren von Beweidung sichtbar.

Aber nicht das Unberührtsein an sich ist Thema dieses Bildbands, denn der Mensch ist Teil des Lebens auf der Erde. Vielmehr geht es um die Darstellung von Landschaften, in denen das Gestalten des Menschen nur geringe Spuren hinterlassen hat und auch anderen Lebewesen Raum zur Entfaltung lässt.

Beim Blick auf die Welt aus der Distanz von 480 bis 680 Kilometern Höhe zeigt sich im Satellitenbild eine unglaubliche Vielfalt natürlicher Strukturen. Ob geologische Verwerfungen im australischen Outback, fraktale Muster von Mangrovenwäldern, die den Verästelungen einer Lunge ähneln, oder die bestechende Symmetrie von Vulkanen mit ihrer an die jeweilige Höhe angepassten Vegetation – überall sind erstaunliche Muster und prächtige Farbkombinationen zu finden.

Unberührte Natur ist oft dort zu finden, wo es nichts auszubeuten gibt oder der Aufwand dafür zu groß ist. Beispiele dafür sind in großen Höhen, inmitten lebensfeindlicher Wüsten und antarktischen Eiswüsten anzutreffen. Doch selbst dort entsteht oft Druck auf Ökosysteme durch die Sehnsucht des Menschen, Natur zu erleben. Zudem sind in einigen Beispielen Eingriffe des Menschen nicht sichtbar, aber in der Nähe vorhanden, wie Bergbau oder Erdölförderanlagen. Dies macht die nicht hoch genug einzuschätzende Bedeutung von Naturschutzgebieten deutlich. Zu den wichtigsten Fortschritten gehört, dass mittlerweile etwa 13% der Landflächen weltweit mehr oder weniger streng geschützt sind. Damit bieten sie für die Biodiversität, die Vielfalt des Lebens auf der Erde, entscheidende Rückzugsräume. Der Blick von oben unterstreicht die Schönheit dieser Vielfalt und soll damit auch ihre Bedeutung bewusst machen.

DES IMAGES SATELLITES QUI ILLUSTRENT DES PAYSAGES NATURELS

Une nature intacte ? Au cours de ces dernières décennies et en raison d'une évolution très rapide, notre planète est devenue un « village global » où le nombre sans cesse croissant d'habitants et la consommation accrue de ressources laissent partout leurs traces. Existe-t-il encore des paysages naturels qui n'ont pas été marqués par l'homme ?

L'idée d'une nature originelle et idyllique existe en tant que concept poétique autour d'un monde idéalisé et préservé. Pour des philosophes comme Rousseau, elle se trouve à l'opposé d'un monde qui a perdu son innocence en raison de l'activité humaine. Du point de vue économique, il existe encore de vastes zones inexplorées et riches en ressources naturelles sur Terre, que ce soit dans le sous-sol, les forêts et les terres que l'on peut encore exploiter dès lors que l'on se donne les moyens d'y accéder. C'est pour cette raison qu'il est toujours plus difficile de trouver des espaces vierges de toute activité humaine sur notre planète. Cette problématique touche particulièrement les zones où l'homme a nettement établi sa domination, comme l'Europe et l'Amérique du Nord. Mais en y regardant de plus près, il apparaît que même les paysages prétendument intacts portent l'empreinte de l'homme et montrent des signes d'activité agricole.

Ce livre ne porte pas exclusivement sur une nature intacte, puisque l'espèce humaine fait partie intégrante de la vie sur Terre, mais dépeint des paysages très peu marqués par l'homme et où, par conséquent, d'autres espèces ont pu trouver les espaces nécessaires à leur développement.

Ces images de notre planète, capturées par un satellite orbitant entre 460 et 680 kilomètres de la surface terrestre, montrent l'incroyable diversité des structures naturelles. Des failles géologiques de l'outback australien en passant par les ramifications stylisées des forêts de mangrove, qui ne vont pas sans rappeler les ramifications des poumons, ou la symétrie captivante des volcans recouverts d'une végétation étagée au gré de l'altitude – autant de motifs étonnants et d'impressionnantes combinaisons de couleurs surgissant en tous points du globe.

La nature a conservé des paysages intacts dans les régions où il n'y a aucune richesse à exploiter, ou lorsque leur exploitation est trop coûteuse. C'est le cas par exemple des territoires de haute montagne ou des zones hostiles comme les déserts et les étendues de glace de l'Antarctique. Bien qu'éloignés de tout, ces territoires et leurs écosystèmes sont menacés par l'homme et son désir de redécouvrir une nature intacte. Certaines régions semblent vierges de toute activité humaine, mais nous y trouvons des traces d'exploitation minière ou pétrolière, et cela montre que nous n'accordons pas réellement d'importance à la protection des zones naturelles. Mais d'importants progrès ont été accomplis récemment, puisqu'aujourd'hui les zones – plus ou moins strictement – protégées couvrent 13 % de la surface terrestre, constituant ainsi un refuge pour la biodiversité et les différentes formes de vie sur Terre. Ces images vues d'en haut soulignent la beauté et la diversité de la vie terrestre et nous font prendre conscience de son importance.

SATELLIETBEELDEN DOCUMENTEREN NATUURLIJKE LANDSCHAPPEN

Ongerepte natuur – onze planeet heeft zich door de pijlsnelle ontwikkelingen vooral gedurende de afgelopen decennia tot een „globaal dorp" ontwikkeld waarin stijgende bevolkingsaantallen en toenemend verbruik van grondstoffen overal hun sporen achterlaten. Zijn er nog natuurlandschappen die met rust zijn gelaten, die niet door de mens zijn gevormd?

Het idee van de oorspronkelijke en idyllische natuur bestaat als romantisch concept van een geïdealiseerde wereld die nog in orde is. Voor filosofen als Rousseau staat dat recht tegenover een wereld die door de bedrijvigheid van mensen haar onschuld heeft verloren. Voor grote delen van het bedrijfsleven is ongerepte natuur „nog" ongerept. Er is altijd de mogelijkheid om bodemschatten te delven, om hout te gelde te maken en om land voor verkeersontsluiting in gebruik te nemen. Daarom is het in veel delen van de wereld niet eenvoudig om oppervlaktes te vinden zonder een teken van menselijke activiteit. Dat geldt vooral voor plekken waar de mens bijzonder succesvol is geweest, zoals in Europa en Noord-Amerika. Echter, ook in zogenaamd met rust gelaten landschappen worden bij een nauwkeurigere blik vaak voetpaden en sporen van beweiden zichtbaar.

Maar het ongerepte op zich is niet het onderwerp van dit plaatwerk, de mens is tenslotte onderdeel van het leven op aarde. Het gaat veel meer om de beschrijving van landschappen waarin de mens slechts geringe sporen heeft achtergelaten en ook ruimte overlaat waarin ander leven zich kan ontwikkelen.

Een blik op de wereld, op een afstand van 480 tot 680 kilometer hoogte, laat in satellietbeelden een ongelooflijke verscheidenheid aan natuurlijke structuren zien. Of het nu geologische breuken zijn in de Australische Outback, fractale patronen van mangrovebossen die op de vertakkingen van een long lijken, of de betoverende symmetrie van vulkanen met hun aan de hoogte aangepaste vegetatie – overal zijn verbluffende patronen en prachtige kleurencombinaties te vinden.

Ongerepte natuur is vaak daar te vinden waar niets uit te buiten valt of waar dit te veel moeite zou kosten. Voorbeelden hiervan zijn te vinden op grote hoogte, in levensgevaarlijke woestijnen en Antarctische ijswoestijnen. Maar zelfs daar ontstaat druk op ecosystemen door het verlangen van mens om de natuur te beleven. Bovendien zijn er voorbeelden waar menselijk handelen niet zichtbaar is, maar wel in de nabijheid aanwezig, zoals mijnbouw en oliewinning.

Het belang van beschermde natuurgebieden kan daarom niet genoeg worden benadrukt. Een van de belangrijkste vooruitgangen is dat ondertussen ongeveer 13% van het landoppervlak meer of minder streng wordt beschermd. Daarmee bieden zij voor de biodiversiteit, de diversiteit van het leven op aarde, de zo belangrijke ruimte. Een blik van boven onderstreept de schoonheid van deze diversiteit en maakt daarmee ook het belang hiervan duidelijk.

PRÓLOGO [ES]

LOS PAISAJES NATURALES A TRAVÉS DE IMÁGENES POR SATÉLITE

Naturaleza virgen – Debido al impetuoso desarrollo de la humanidad, sobre todo a largo de esta última década, nuestro planeta se ha convertido en un «Pueblo global», en el cual prevalecen el creciente número de habitantes y el progresivo consumo de recursos naturales. Pero, ¿existen aún parajes naturales vírgenes que no se hayan visto afectados por el hombre?

La idea de una naturaleza idílica y virgen existe como un concepto romántico de un idealizado mundo inmaculado. Para los filósofos como Rousseau, es una idea contrapuesta a un mundo que ha perdido su virginidad debido a la acción humana. Para gran parte de la ciencia, la naturaleza virgen es «aún» virgen y puede siempre ofrecer la oportunidad de obtener grandes riquezas naturales a partir de la madera reciclable y, tras un desarrollo tecnológico de circulación, de la tierra. Por eso es tan difícil encontrar superficies sin signos de actividad humana en muchos lugares de nuestro planeta, especialmente en áreas donde la influencia humana se hace más notoria, como Europa y Norteamérica. Sin embargo, también existen zonas en las que, pese a su supuesta inmutabilidad, cuando se examinan detenidamente, se pueden observar senderos y huellas de pastos.

No obstante, este libro ilustrado tiene en cuenta que la humanidad forma parte de la vida terrestre y no se centra en la pureza original en sí. Más bien trata de representar paisajes de escasa presencia humana y prósperos para la existencia de otros seres vivos.

Las imágenes por satélite del mundo se han tomado a una distancia de 480 a 680 kilómetros de altitud y muestran una gran diversidad de increíbles estructuras naturales. Tanto las fallas geológicas de Outback en Australia, como muestras de manglares geométricos cuyas ramificaciones se asemejan a un pulmón o la cautivadora simetría de los volcanes con su típica vegetación adaptada según la altitud son lugares donde se pueden encontrar muestras asombrosas y magníficas combinaciones de colores.

A menudo, en los lugares donde no hay nada para explotar o supone demasiada molestia hacerlo son los sectores donde encontramos la naturaleza castiza. Algunos se ubican en las zonas de gran altura, en medio de desiertos hostiles para vivir y desiertos glaciares de la Antártida. Sin embargo, justamente aquí, la ansiedad de la humanidad de vivir la naturaleza origina una presión sobre el ecosistema. La intervención del hombre no es visible en el lugar exacto de algunos ejemplos, pero sí que lo es en los alrededores, como pasa con la explotación minera o la extracción de petróleo. Esto provoca que estos territorios no alcancen un valor suficientemente alto para las reservas naturales. Por otro lado, uno de los avances más importantes es el hecho que aproximadamente el 13% de la superficie de la tierra esté protegida en cierto modo y que, de esta manera, pueda ofrecer biodiversidad, pluralidad de la vida terrestre y relevantes espacios de cobijo. La visión aérea enfatiza la belleza de esta diversidad y con ello también promueve la consciencia de su significado.

PREFAZIONE [IT]

IMMAGINI SATELLITARI DOCUMENTANO PAESAGGI NATURALI

Natura incontaminata – Il nostro pianeta si è trasformato, soprattutto a causa del rapido sviluppo negli ultimi decenni, in un «villaggio globale». Il crescente aumento della popolazione e la continua richiesta di risorse hanno man mano lasciato il segno. Esiste un paesaggio naturale non ancora influenzato dal passaggio dell'uomo?

L'idea di una natura idilliaca e incontaminata esiste come concetto romantico di un mondo ideale. Per i filosofi come Rousseau, ad esempio, tale concezione è agli antipodi rispetto a un mondo che ha perso la propria innocenza, a causa della laboriosità dell'uomo. A causa di gran parte dell'economia mondiale, la natura non rimarrà incontaminata a lungo, per via del crescente utilizzo delle risorse naturali rinnovabili, come legno e terra, facilmente accessibili grazie all'apertura di nuove vie di trasporto. Per questo motivo è difficile trovare pianure incontaminate sulla Terra, soprattutto in paesi dove l'azione dell'uomo si fa sentire in modo preponderante, come in Europa e America del Nord. Con occhio più attento, si nota come anche in paesaggi che appaiono naturali siano visibili tracce del passaggio dell'uomo.

Il tema di questo libro illustrato non è quindi l'inviolabilità del pianeta, poiché l'uomo è parte integrante della vita sulla Terra, quanto piuttosto la presentazione di paesaggi in cui la presenza umana ha lasciato solo poche tracce, lasciando spazio ad altri esseri viventi.

Osservando la Terra da una distanza che varia dai 480 ai 680 chilometri di altezza è possibile vedere nelle immagini del satellite un'incredibile varietà di strutture naturali: che si tratti di formazioni geologiche delle più remote zone rurali australiane, modelli frattali dei boschi di mangrovie con ramificazioni che assomigliano a enormi polmoni, o simmetrie irregolari dei vulcani ricoperti da una vegetazione adattatasi ad altezze impervie, quello che sorprende sono le stupende combinazioni di colori.

Spesso la natura incontaminata si trova là dove non ci sono risorse da poter sfruttare, oppure dove si richiede uno sforzo troppo gravoso, come ad esempio a elevate altitudini, oppure in territori desertici e ostili, o sui vasti ghiacciai antartici. Proprio in queste zone spesso si accentua l'attenzione verso l'ecosistema, grazie all'uomo e alla sua volontà di rivivere la natura in maniera nostalgica. Qui gli interventi umani non sono visibili, ma comunque presenti nelle vicinanze sotto forma di miniere oppure impianti di produzione di petrolio. Diventa pertanto ancora più evidente l'importanza, troppo spesso sottovalutata, di avere aree naturali protette. Tra i progressi più importanti si noti che circa il 13% della superficie terrestre è costituito da aree protette (più o meno rigorosamente). In questo modo, si creano rifugi sicuri per la biodiversità e la varietà della vita sulla Terra. Lo sguardo dall'alto evidenzia la bellezza di questa complessità, regalando più consapevolezza a chi guarda.

PREFÁCIO [PT]

PAISAGENS NATURAIS DOCUMENTADAS EM FOTOGRAFIAS DE SATÉLITE

Natureza intacta – devido ao drástico desenvolvimento que se tem vindo a registrar, sobretudo nas últimas décadas, o nosso planeta já se transformou há muito numa "aldeia global", em que os efeitos do aumento da população e da utilização crescente dos recursos são bem evidentes. Será que ainda há paisagens em estado natural, que não estejam marcadas pela ação do homem?

A ideia de uma natureza original e idílica existe como conceito romântico de um mundo idealizado e puro. Para filósofos como Rousseau, ela está em oposição a um mundo que, devido à atividade do homem, perdeu a sua inocência. Para alguns grandes setores económicos, a natureza intacta está "ainda" intacta, constituindo sempre uma possibilidade de aumento de recursos do subsolo, de madeiras próprias para uso industrial ou de terras que, depois de um conveniente arroteamento, podem ser utilizadas. Deste modo, é difícil, em muitas partes da Terra, encontrar áreas sem vestígios das atividades humanas. Isto é especialmente verdade nas regiões onde o homem foi mais bem-sucedido, como a Europa e a América do Norte, mas até mesmo em paisagens aparentemente naturais uma observação mais atenta revela frequentemente a existência de trilhos e de pastoreio.

Não se pense, porém, que o tema deste livro é a intactabilidade, pois o homem faz, também ele, parte da vida na Terra. Trata-se sobretudo da apresentação de paisagens em que a ação configuradora do homem revela apenas vestígios muito ténues e deixa espaço para o desenvolvimento de outros seres vivos.

Ao observar a Terra a partir de distâncias entre os 480 e os 680 quilómetros de altitude, as fotografias de satélite revelam uma incrível variedade de estruturas naturais. Quer se trate de falhas no Outback australiano, dos padrões fractais dos mangais, semelhantes às ramificações de um pulmão, ou da impressionante simetria dos vulcões, com os seus vários tipos e vegetação adaptados a cada nível de altitude, por todo o lado surgem padrões surpreendentes e impressionantes combinações de cores.

A natureza encontra-se muitas vezes intacta em lugares onde não há nada para explorar ou onde uma exploração se revela demasiado dispendiosa. É o caso, por exemplo, das grandes altitudes, dos desertos hostis à vida e dos desertos gelados da Antártida. No entanto, até mesmo aí, os ecossistemas estão muitas vezes submetidos a pressão, devido ao desejo nostálgico que o homem tem de experimentar a natureza. Além disso, em alguns casos, embora não seja diretamente visível, a intervenção humana está presente nas imediações, sob a forma, por exemplo, de indústria extrativa ou exploração de recursos petrolíferos. Isto torna claro que a importância atribuída às reservas naturais nunca é demasiada. Um dos passos mais importantes que já foram dados é que cerca de 13% da superfície terrestre estão, com maior ou menor rigor, protegidos, proporcionando, por isso, refúgios de fundamental importância para a biodiversidade, a variedade de formas de vida. A vista de cima salienta a beleza desta variedade e deve, assim, contribuir também para uma tomada de consciência da sua importância.

FÖRORD [SV]

SATELLITBILDER DOKUMENTERAR NATURLIGA LANDSKAP

Orörd natur – vår planet har särskilt under det senaste årtiondet i rasande fart utvecklats mot en "global by" där stigande befolkningstal och ökande resursförbrukning lämnar spår överallt. Finns det ännu naturliga landskap, som inte är präglade av människans verksamhet?

Idén om den ursprungliga och idylliska naturen existerar som romantiskt koncept av en idealiserad, helad värld. För filosofer som Rousseau står den i motsatsställning mot en värld som förlorat sin oskuld genom människornas verksamheter. För stora delar av vetenskapen är orörd natur "ännu" orörd. Möjligheten finns ännu att lyfta fram naturresurser, som användbart trä och användbar mark, som kan tas i anspråk när ingenjörskonsten utvecklas. Därför är det på många håll svårt att hitta områden utan mänsklig aktivitet. Det gäller särskilt där människor varit speciellt framgångsrika, som i Europa och Nordamerika. Men även i förment naturliga landskap ser man vid en närmare anblick ofta spår av gångvägar och bete.

Men det är inte orördheten i sig som är temat för detta bildband, eftersom människan är en del av livet på jorden. Snarare handlar det om en presentation av landskap som endast visar små spår av att ha blivit formade av människor och som också lämnar plats för utveckling av andra levande varelser.

När man betraktar jorden från 480 till 680 kilometers höjd, visar satellitbilden en otrolig mångfald av naturliga strukturer. Om det rör geologiska avstötningar i Australiens Outback, fraktala mönster i mangroveträsken, som liknar förgreningarna i en lunga, eller den imponerande symmetrin hos vulkaner, med deras vegetation, som är anpassad till varje höjdnivå – överallt står fantastiska mönster och magnifika färgkombinationer att finna.

Orörd natur finns ofta där ingen bebyggelse finns eller där det kräver alltför stora ansträngningar att lägga bebyggelse. Exempel på sådana platser är höga berg, öknar med dåliga livsbetingelser och antarktiska isöknar. Dock skapas ofta tryck på ekosystemet genom människors längtan efter att uppleva naturen. Dessutom är vissa ingrepp av människan inte synliga, men finns i närheten, som gruvor och oljeplattformar. Detta gör att vikten av naturskyddsåtgärder inte kan överskattas. Till de viktigaste framstegen hör att för närvarande omkring 13 % av landytan är mer eller mindre skyddad. Detta bidrar till biodiversiteten och ger reträttutrymme för livets mångfald på jorden. Anblicken ovanifrån understryker denna mångfald och gör på så sätt deras betydelse känd.

NORTH AMERICA

NORDAMERIKA · AMÉRIQUE DU NORD
NOORD-AMERIKA · AMÉRICA DEL NORTE
AMERICA DEL NORD · NORDAMERICA
AMÉRICA DO NORTE

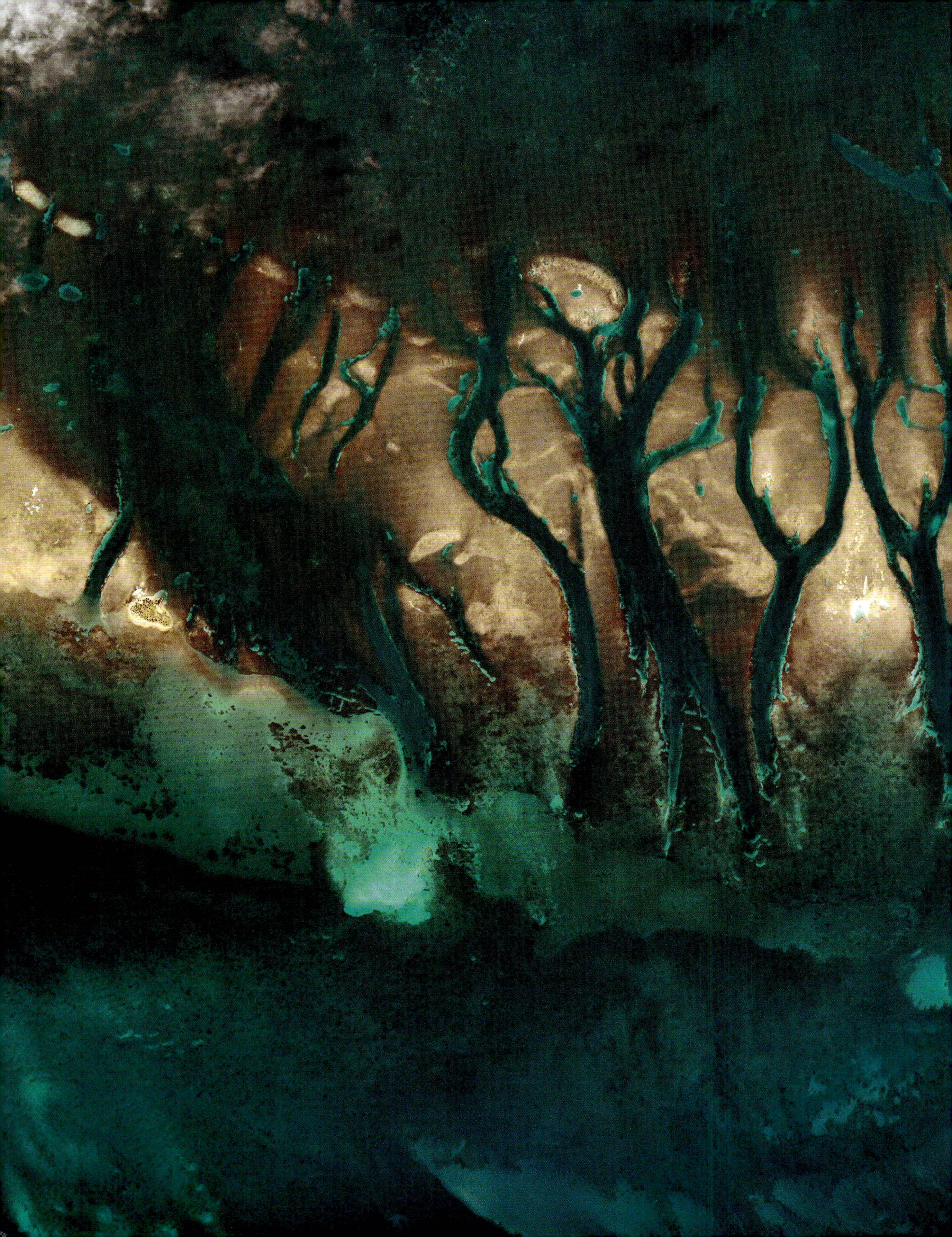

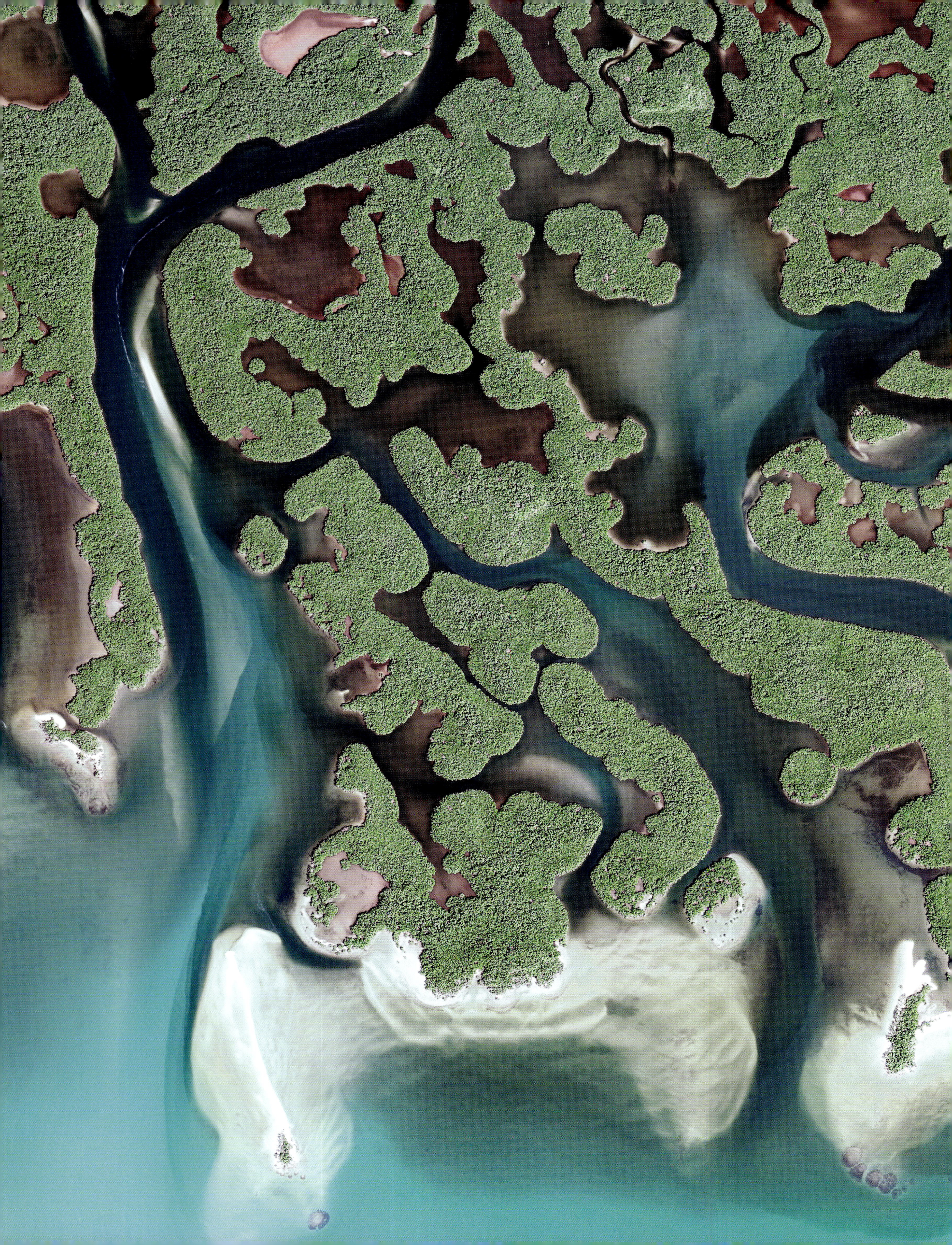

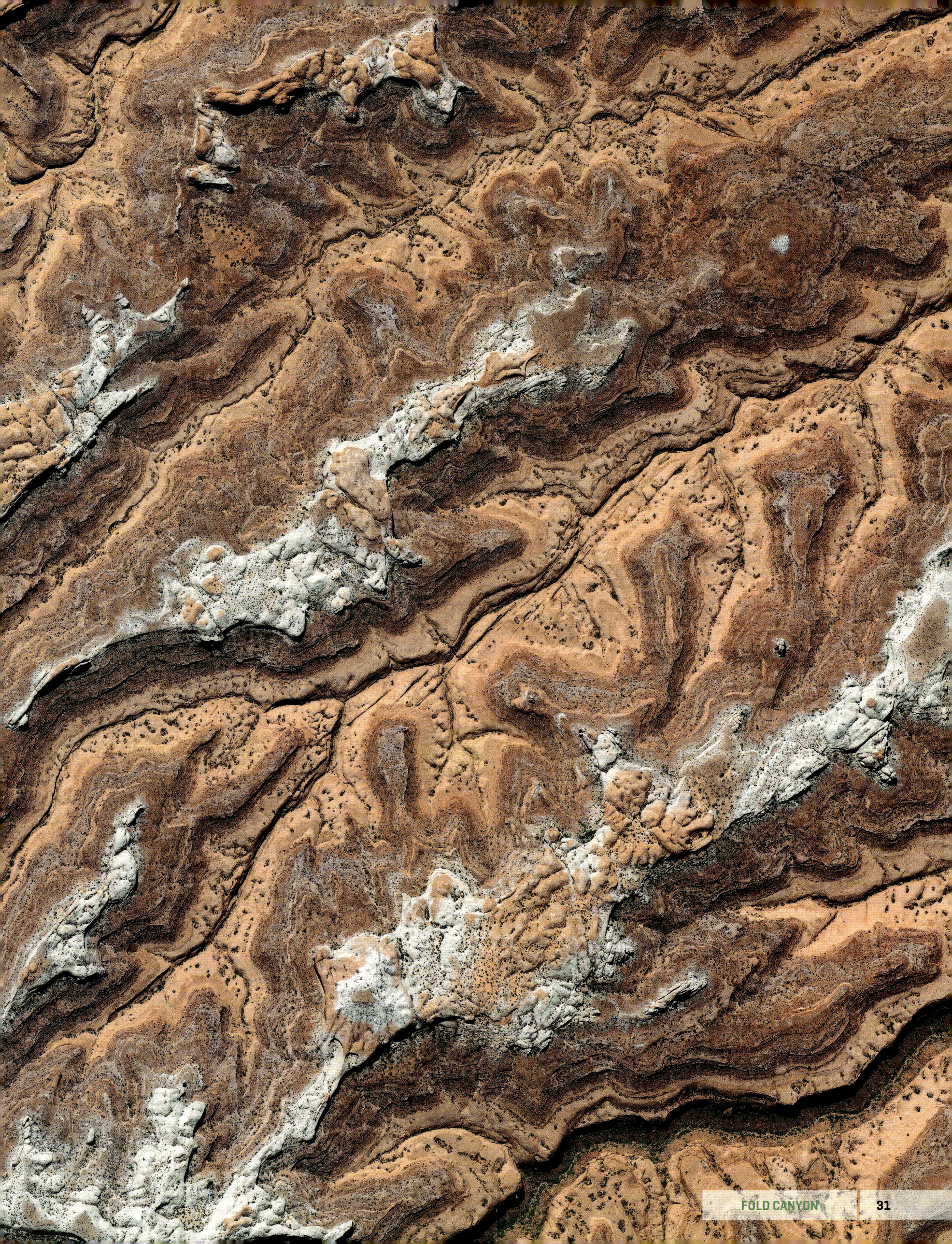

CENTRAL & SOUTH AMERICA

MITTEL- UND SÜDAMERIKA · AMÉRIQUE CENTRALE ET AMÉRIQUE DU SUD
MIDDEN- EN ZUID-AMERIKA · AMÉRICA CENTRAL Y DEL SUR · AMERICA CENTRALE E MERIDIONALE
AMÉRICA CENTRAL E DO SUL · MELLAN- OCH SYDAMERIKA

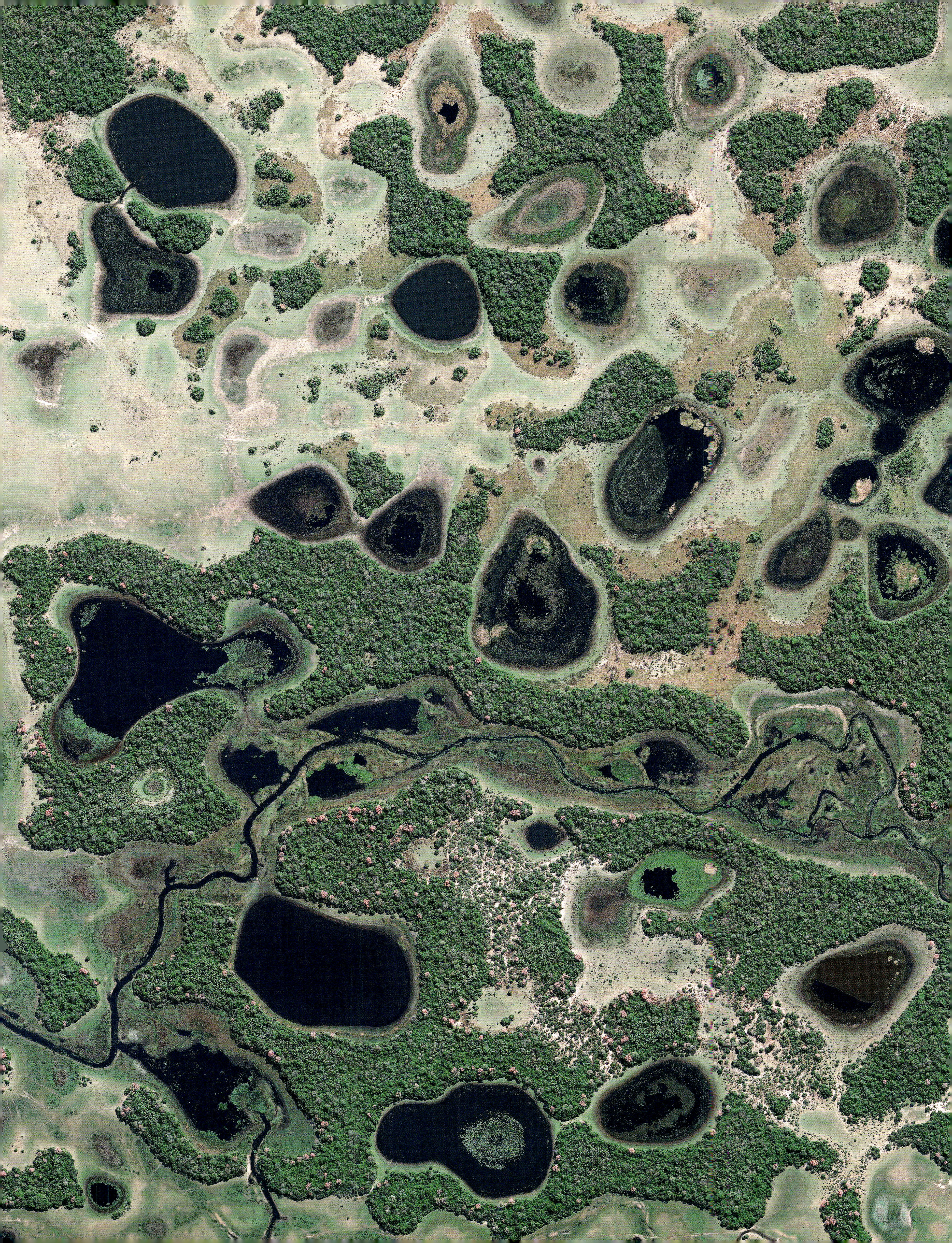

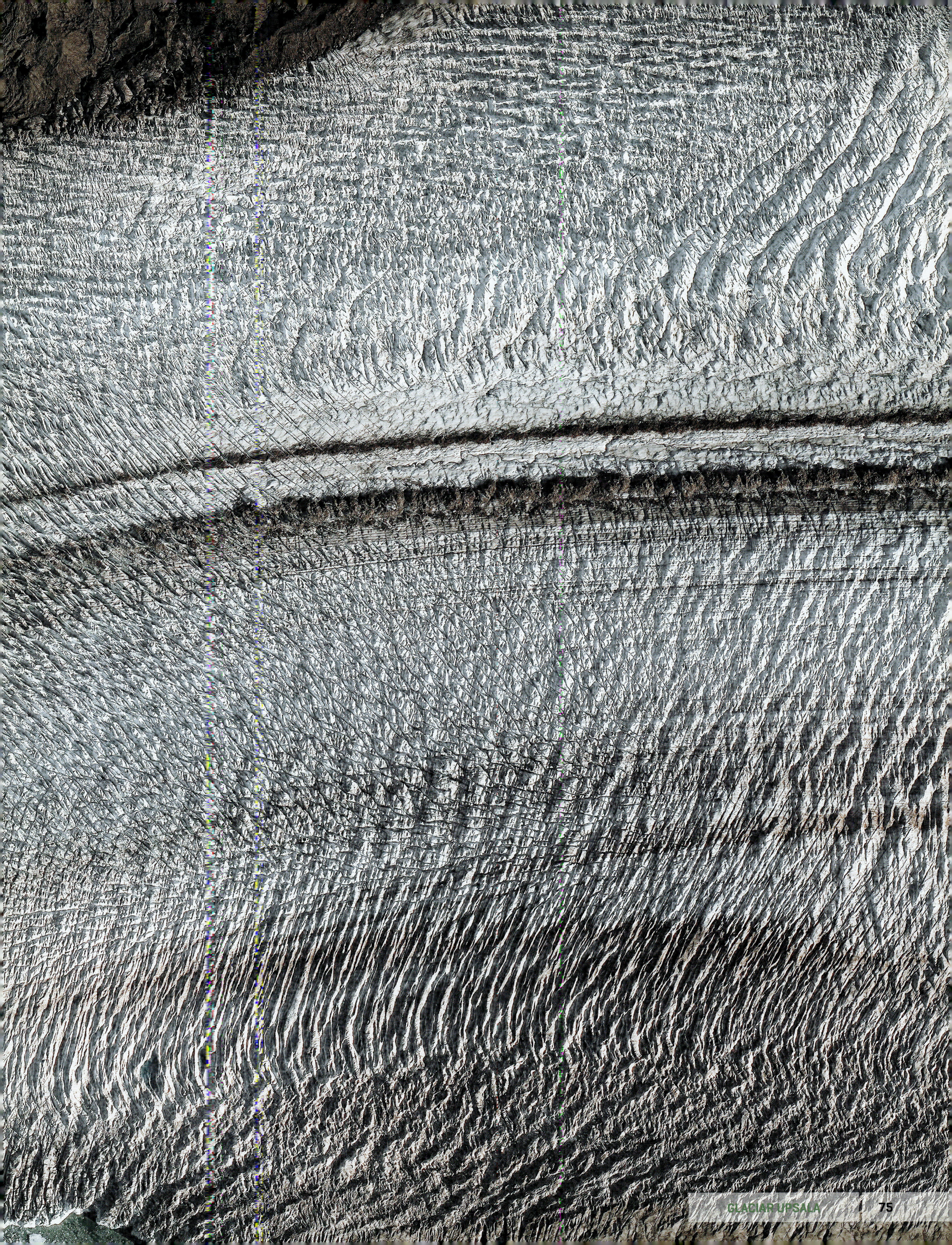

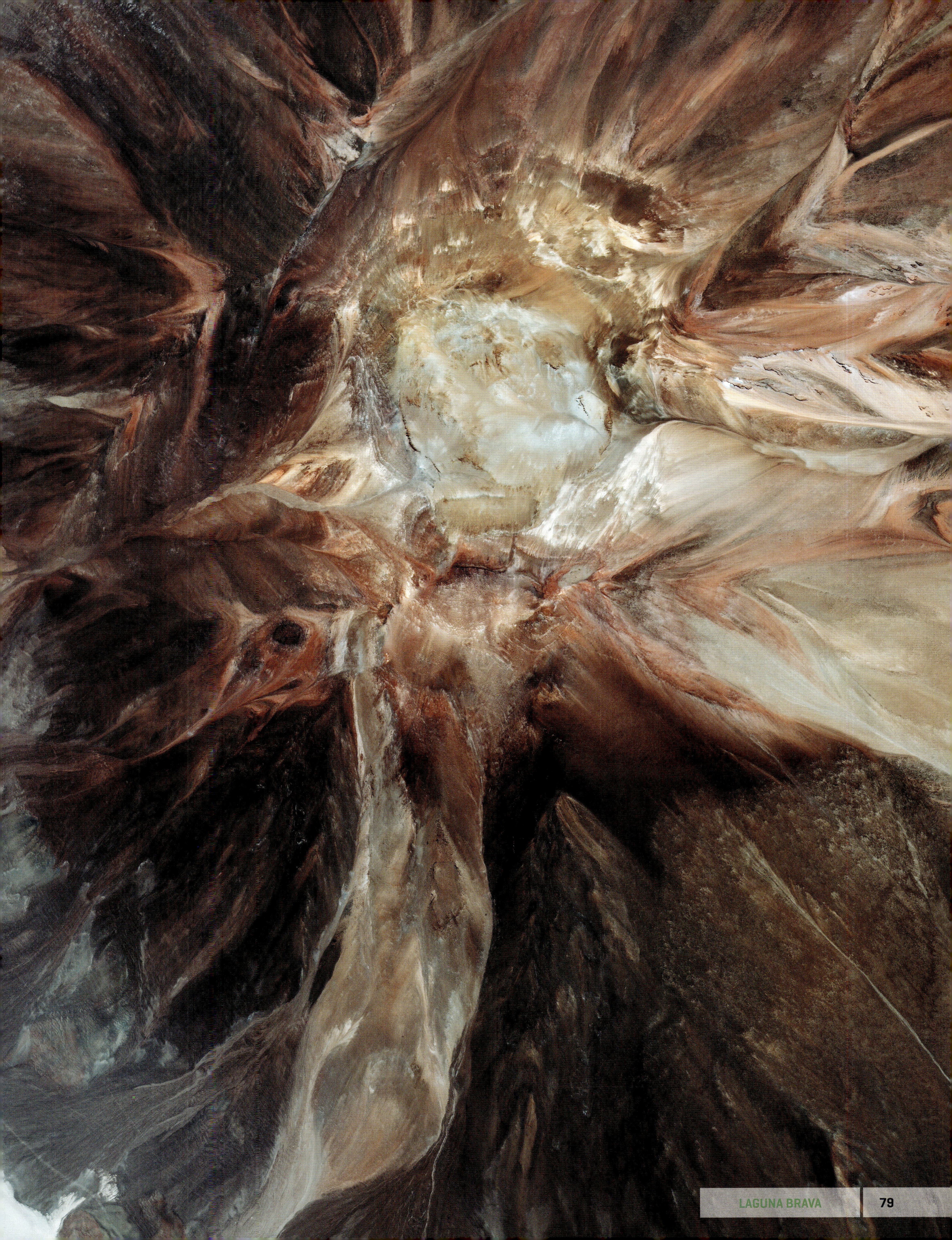

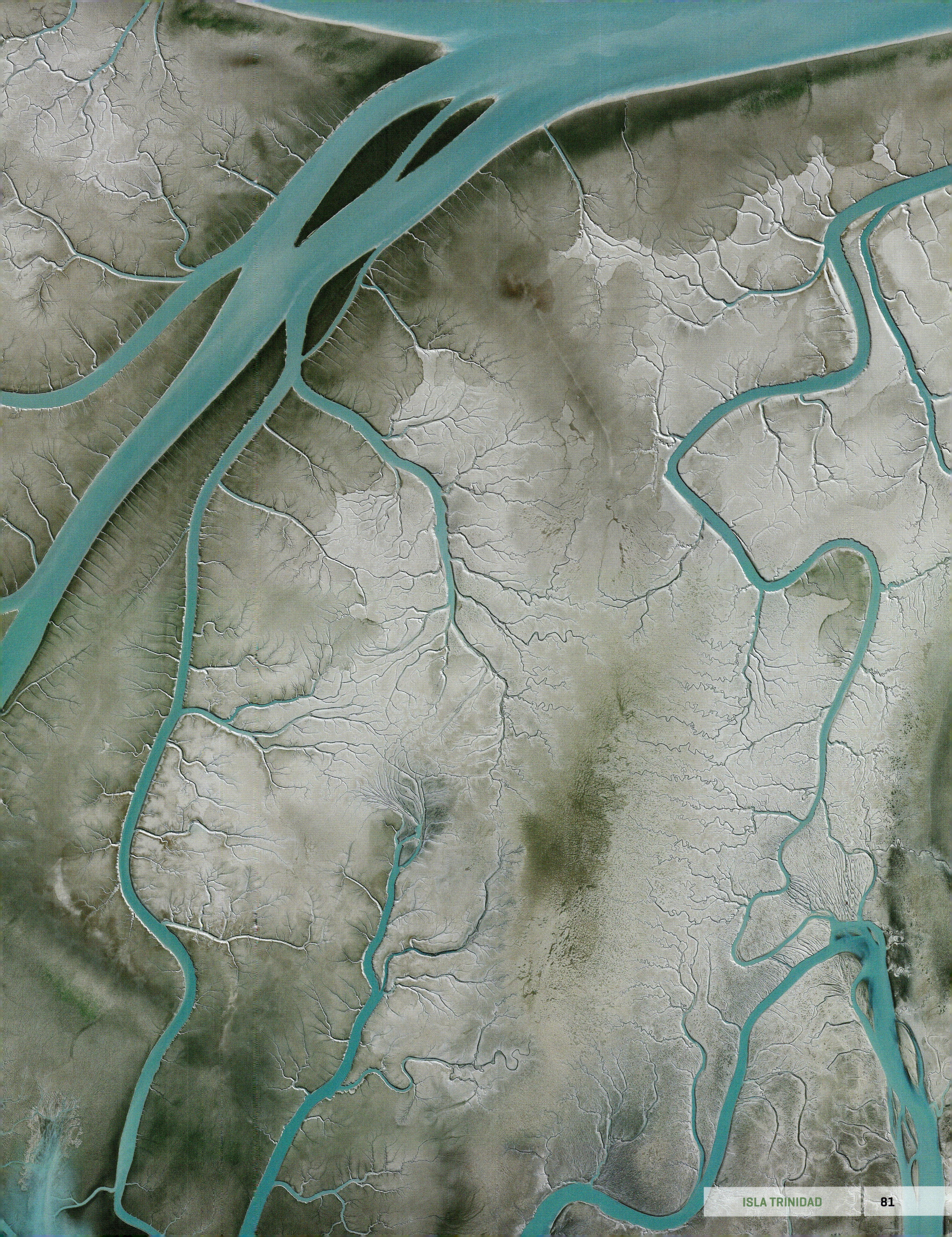

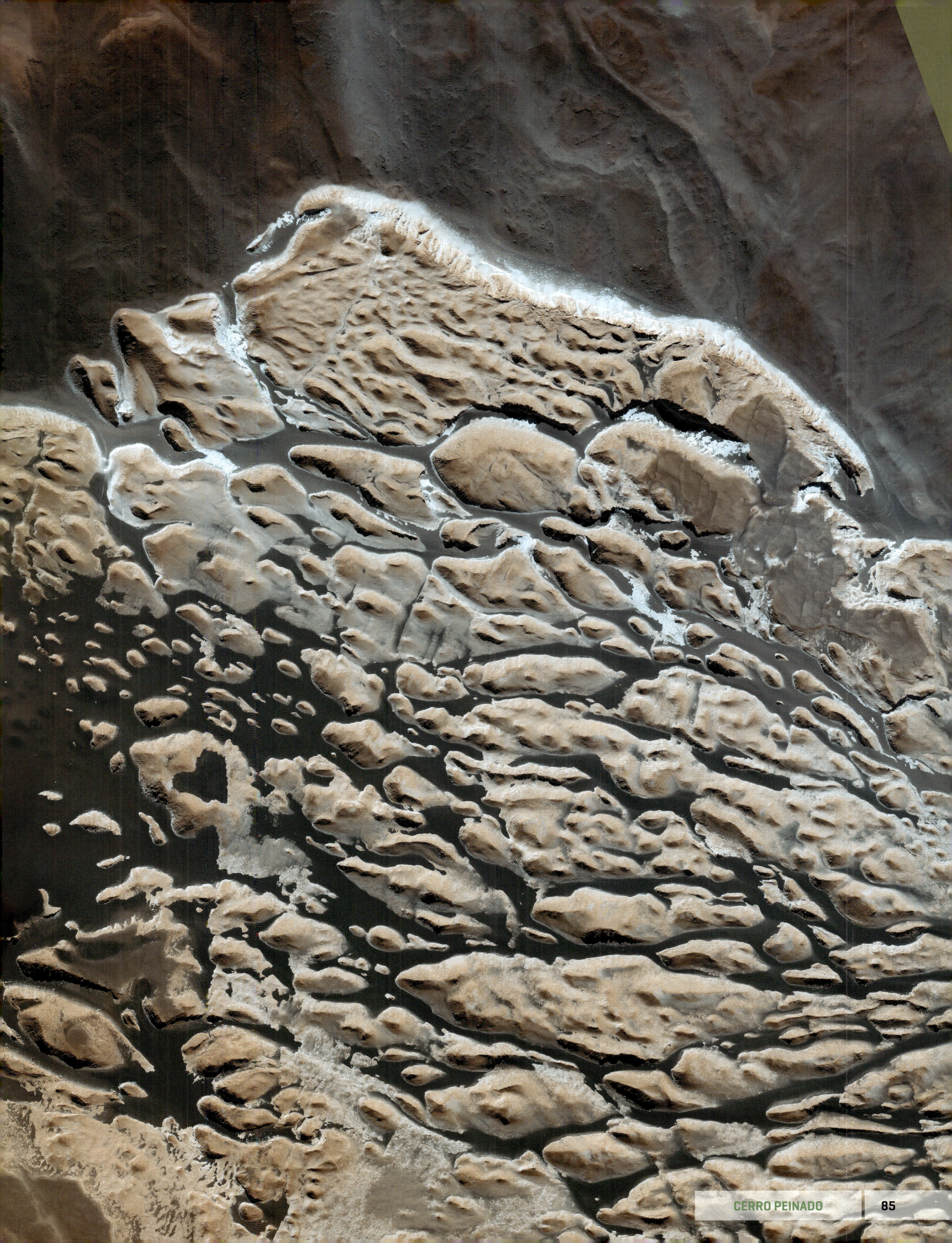

EUROPE

EUROPA

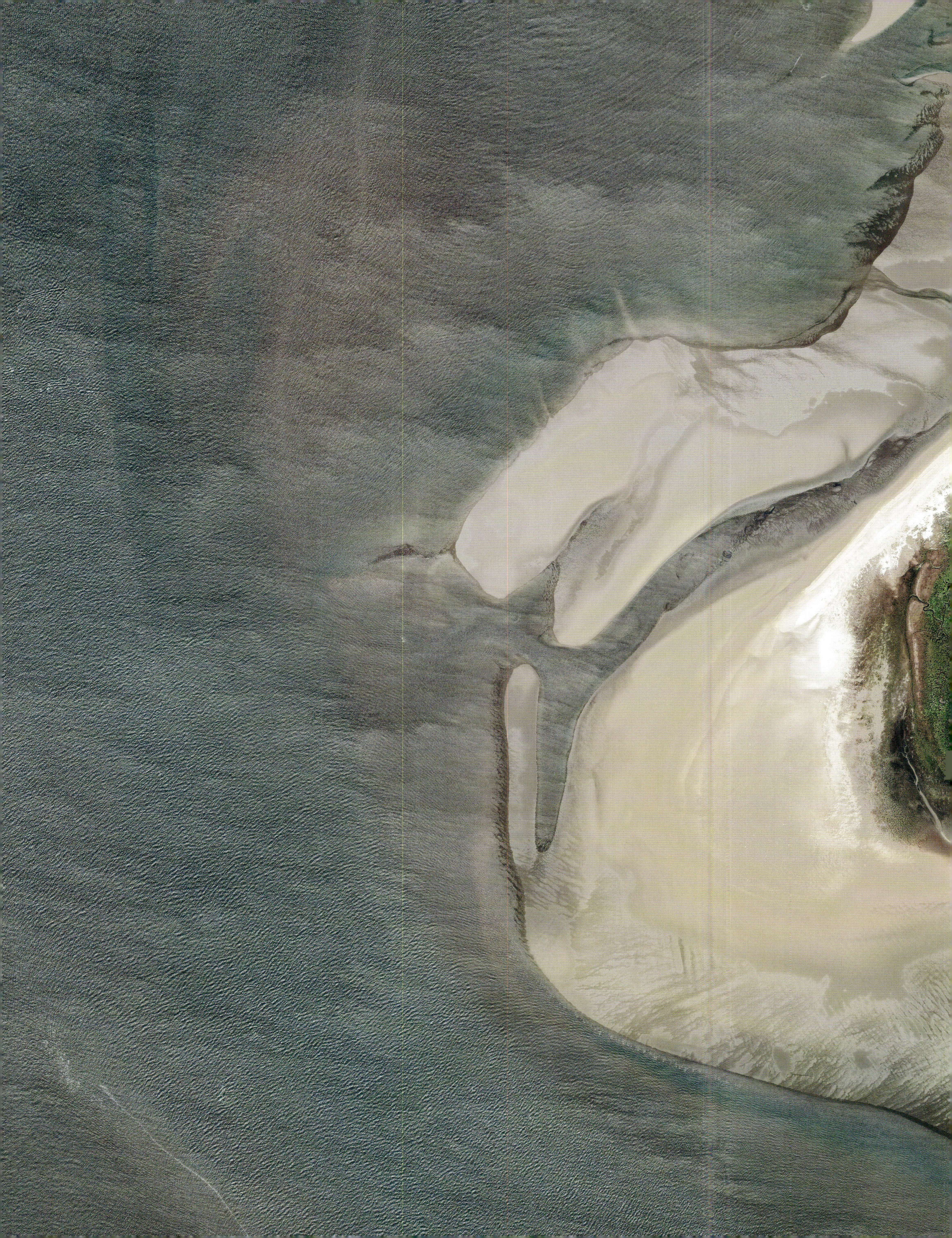

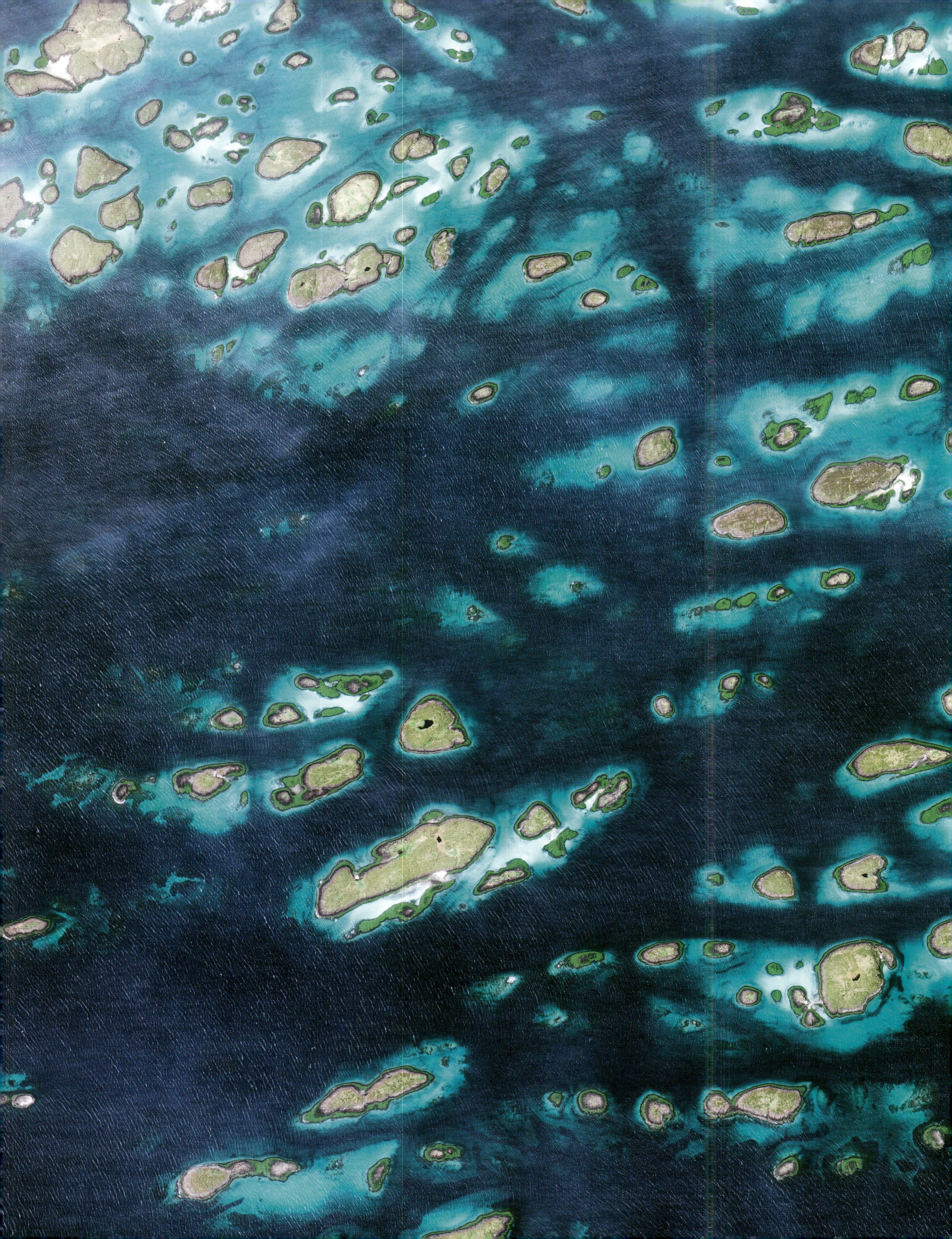

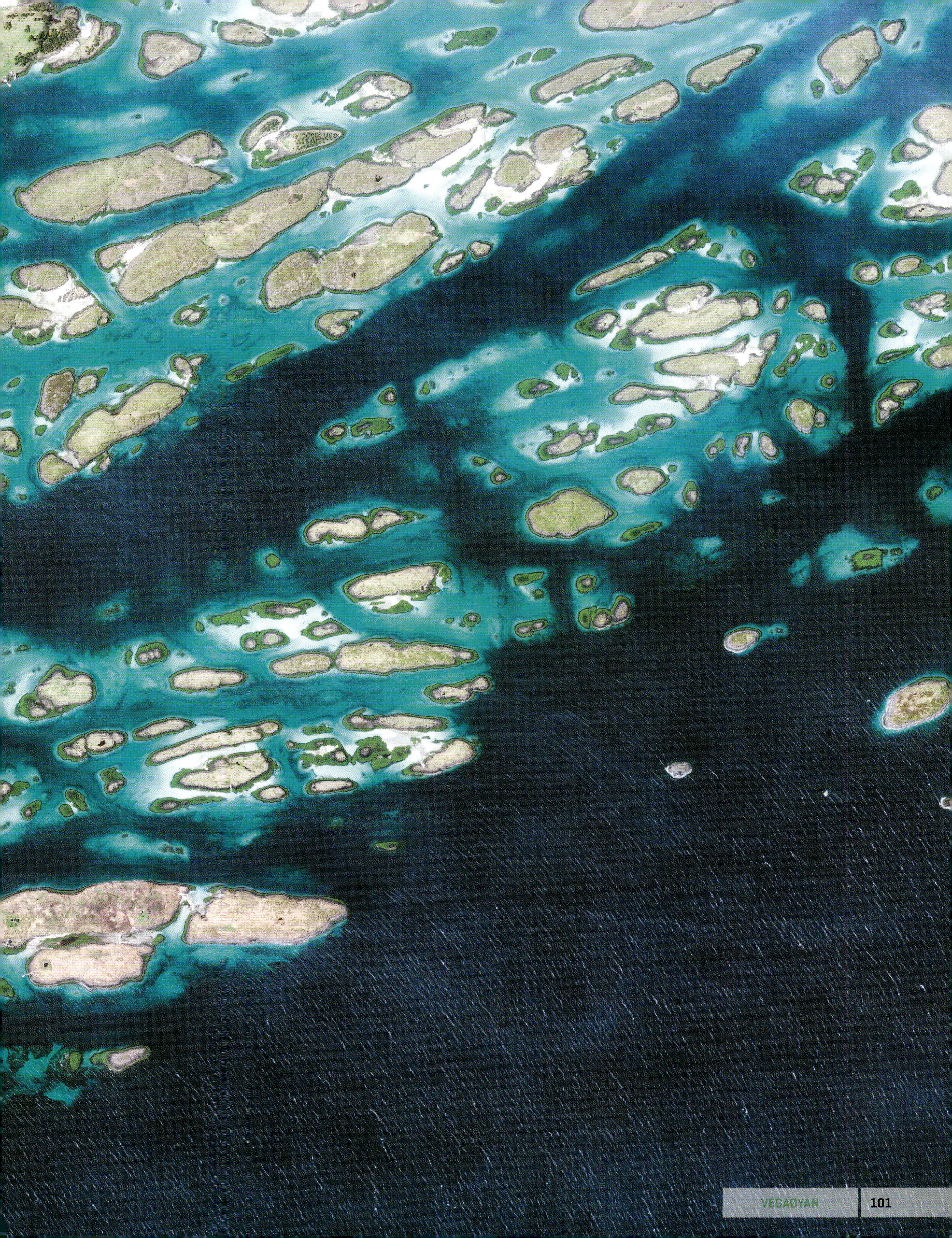

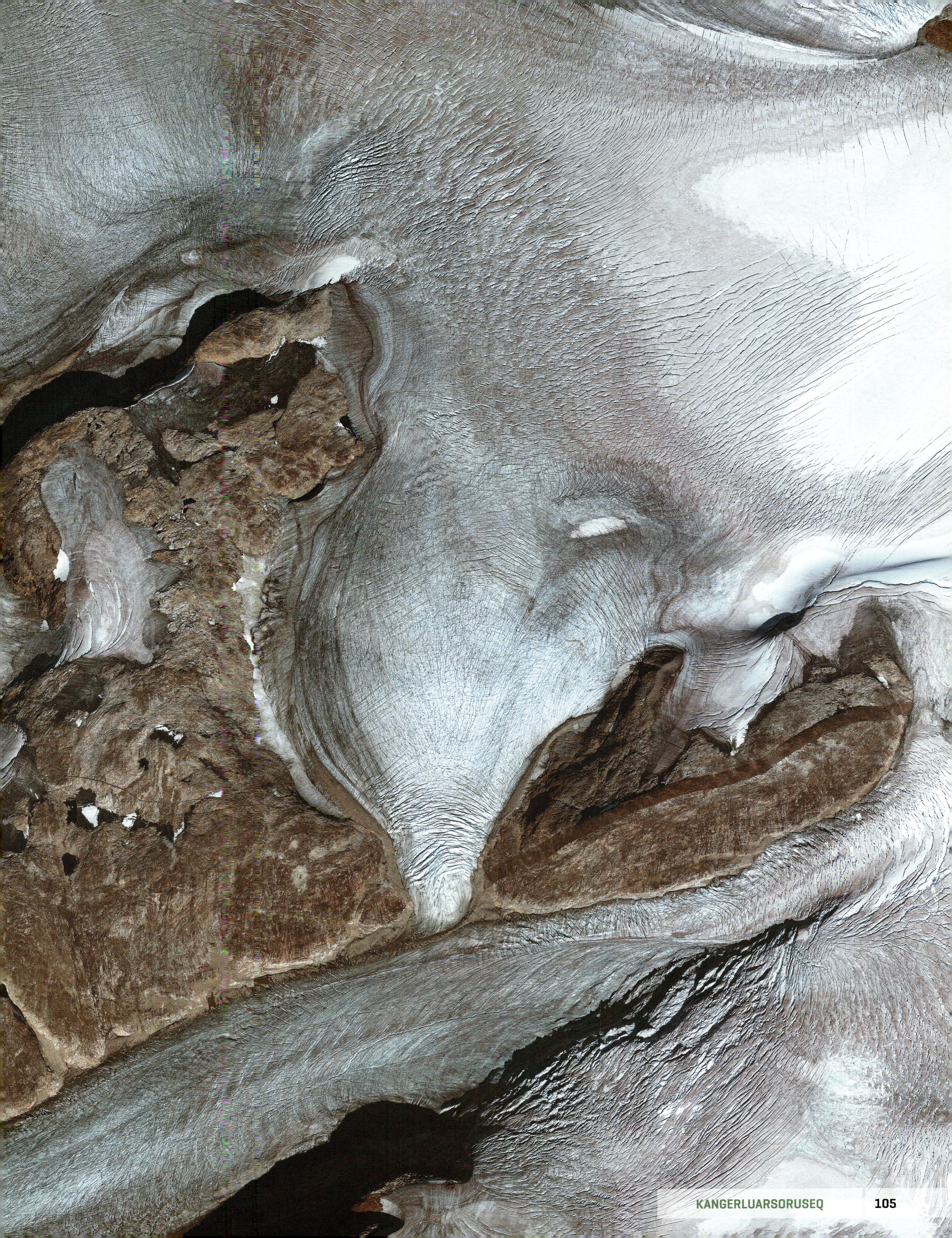

NORTHERN AFRICA

NÖRDLICHES AFRIKA · AFRIQUE DU NORD
NOORDELIJK AFRIKA · ÁFRICA DEL NORTE · NORD AFRICA
NORTE DE ÁFRICA · NORDAFRIKA

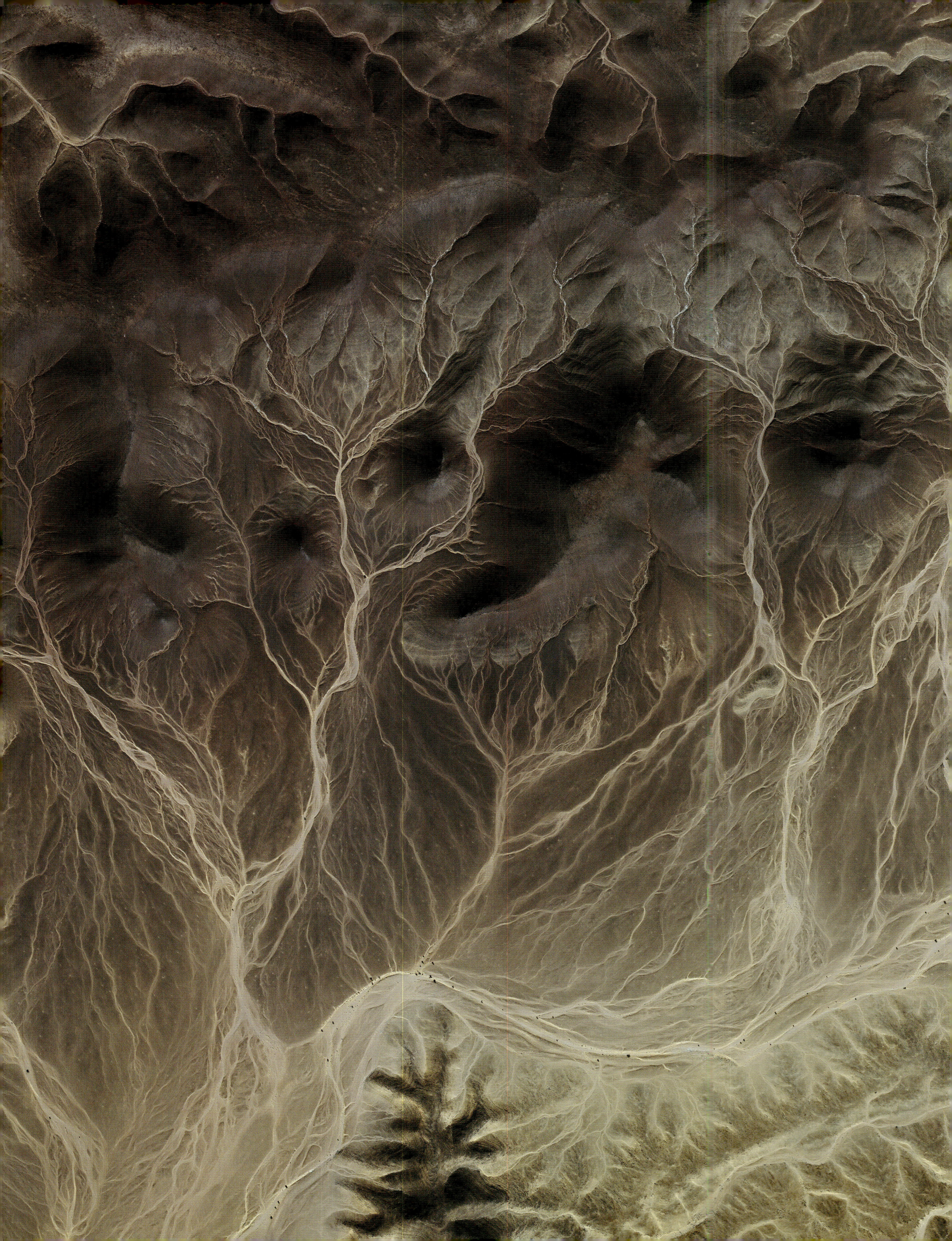

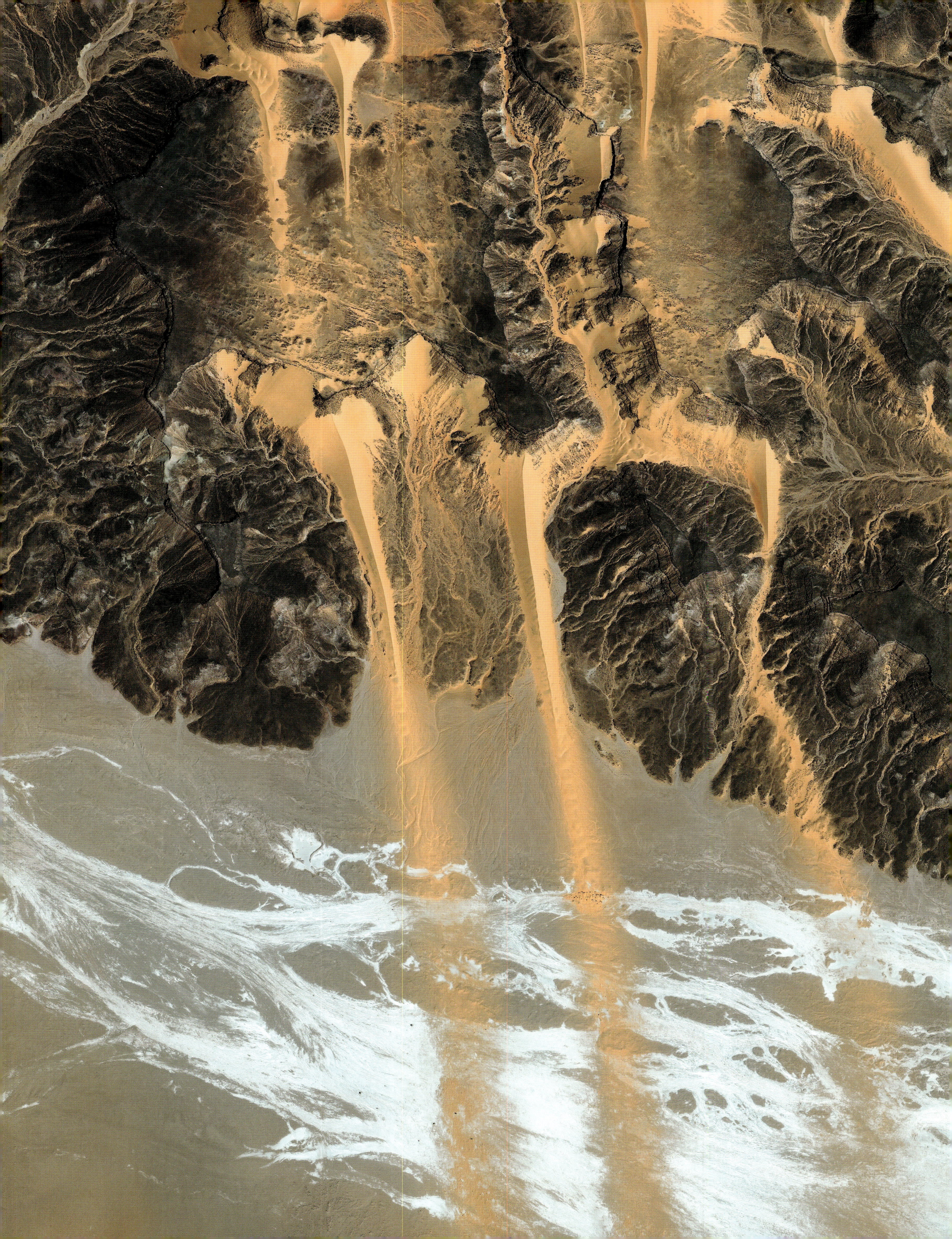

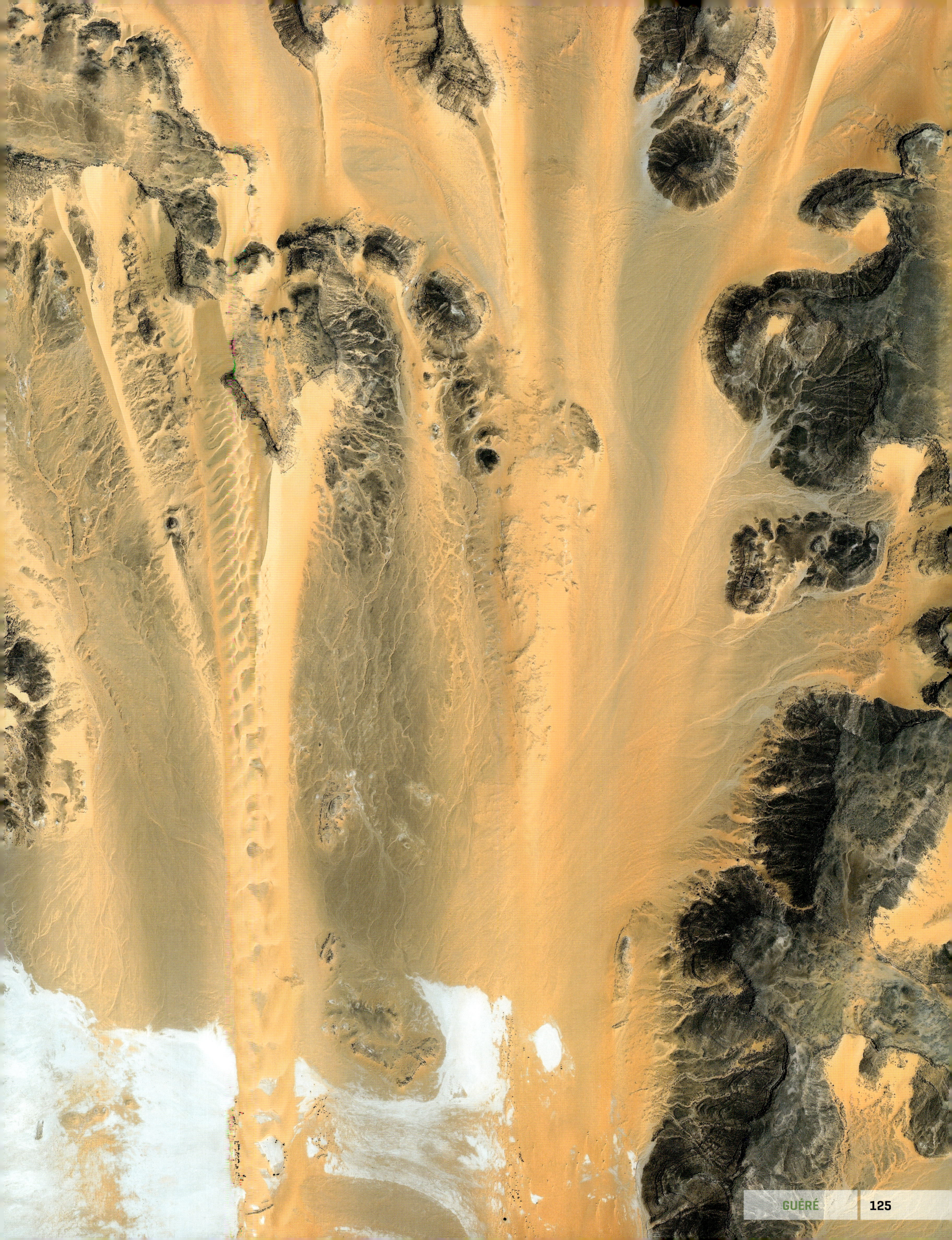

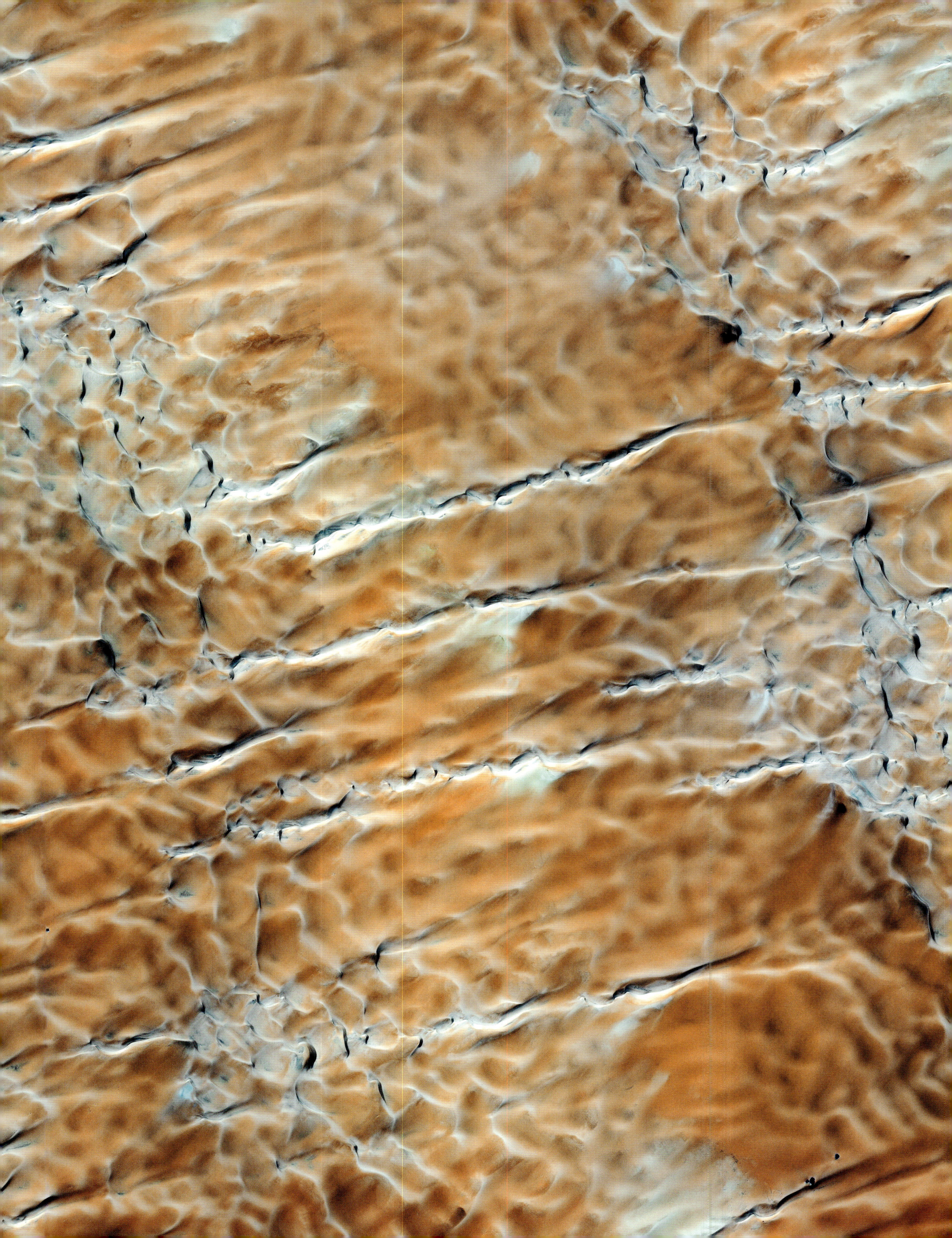

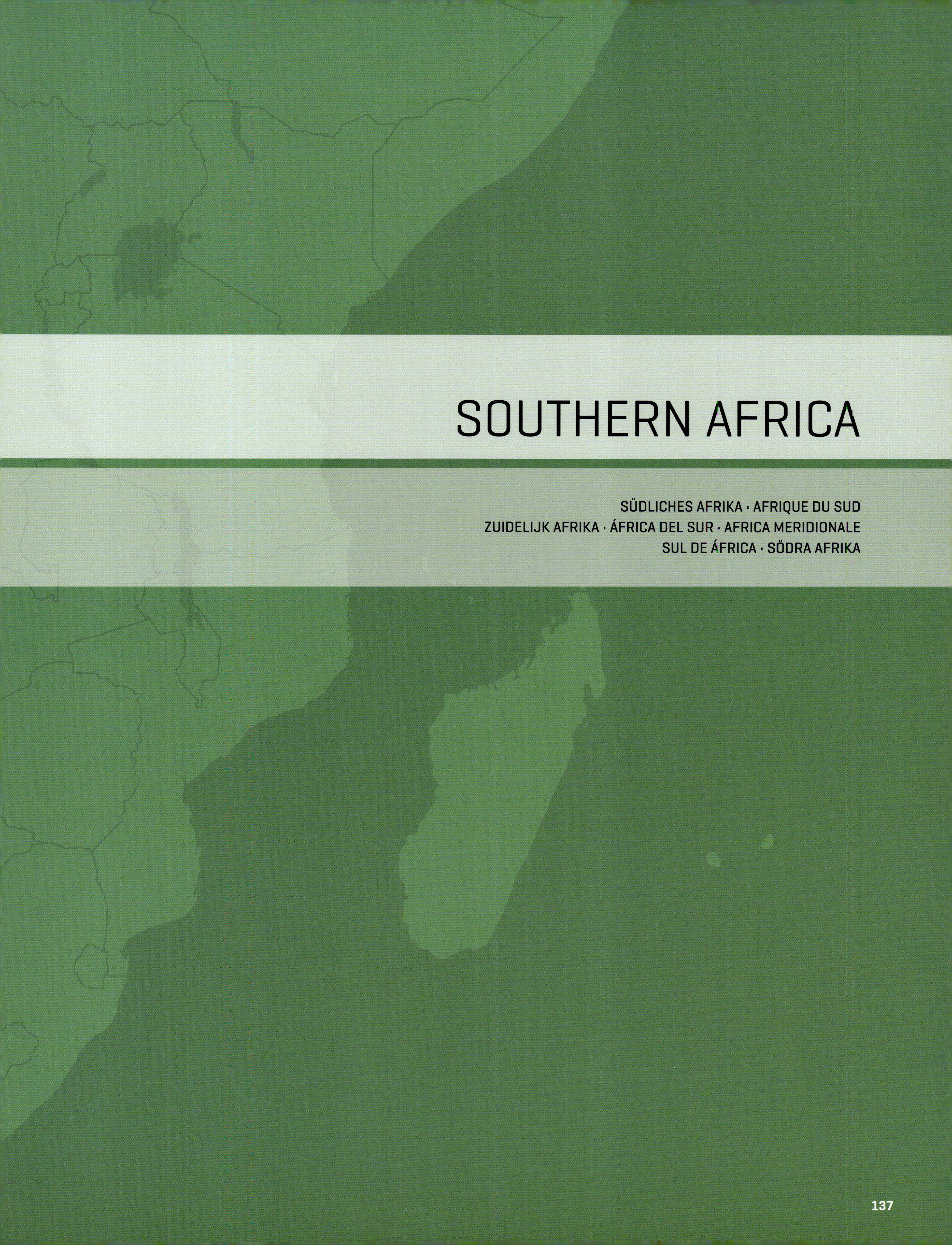

SOUTHERN AFRICA

SÜDLICHES AFRIKA · AFRIQUE DU SUD
ZUIDELIJK AFRIKA · ÁFRICA DEL SUR · AFRICA MERIDIONALE
SUL DE ÁFRICA · SÖDRA AFRIKA

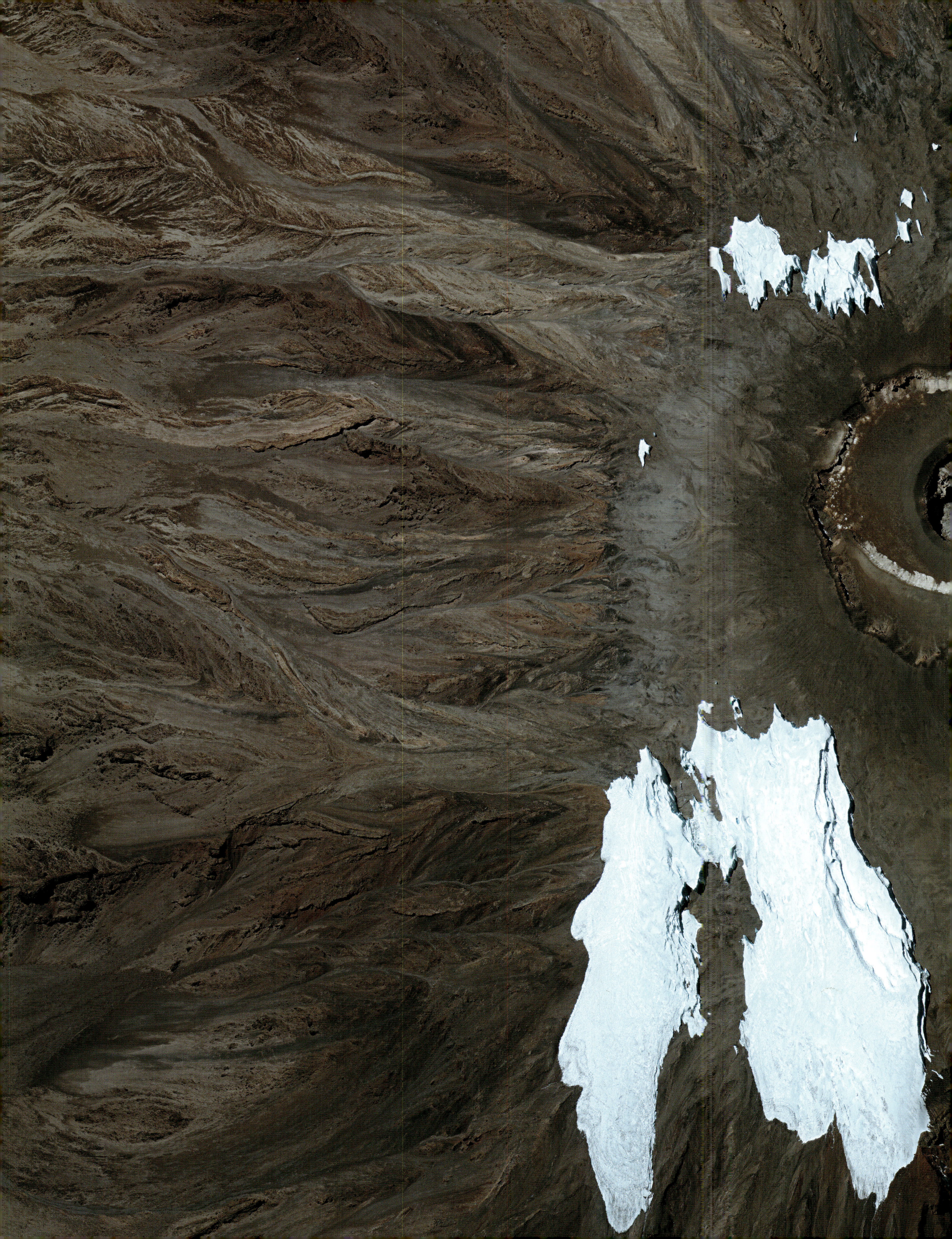

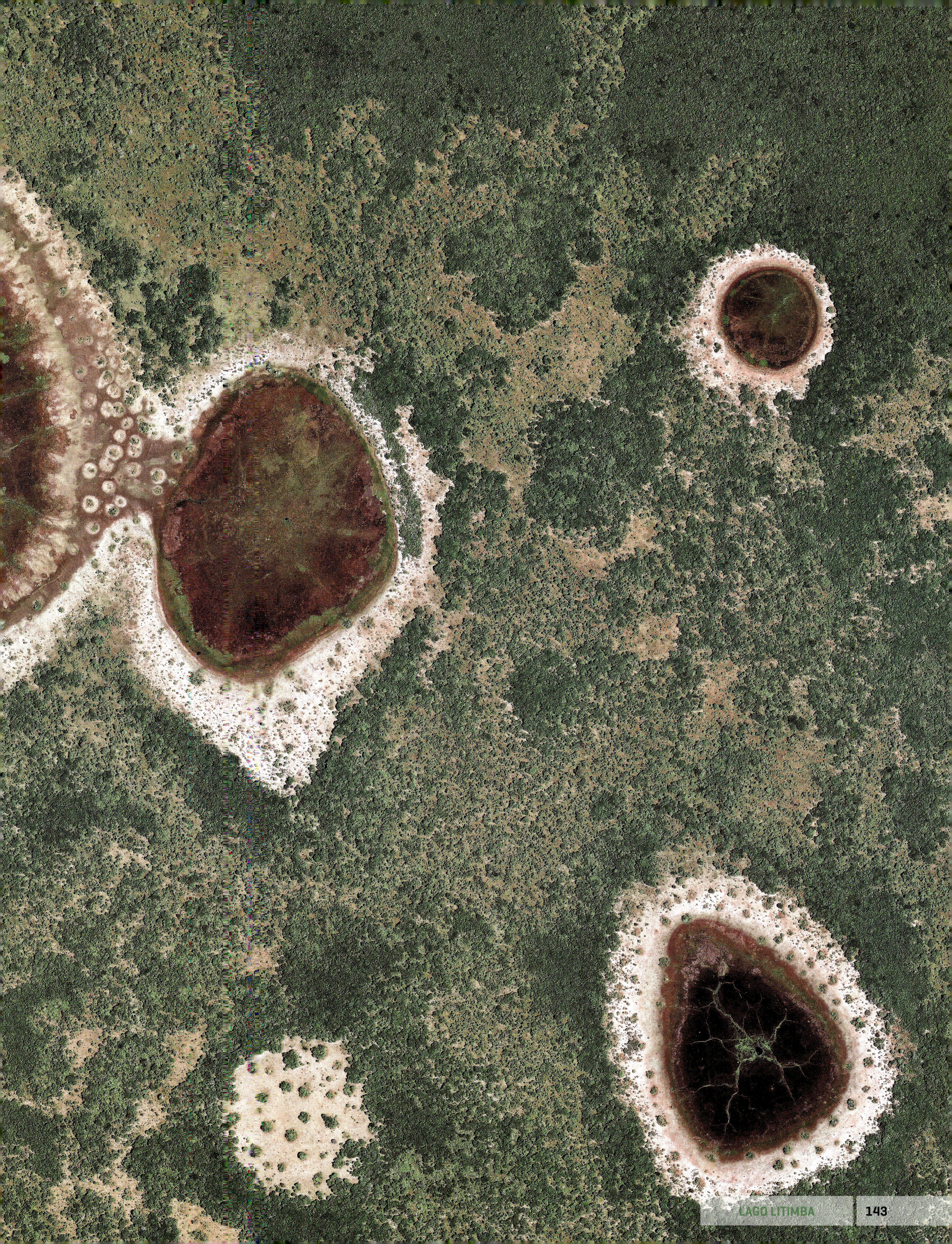

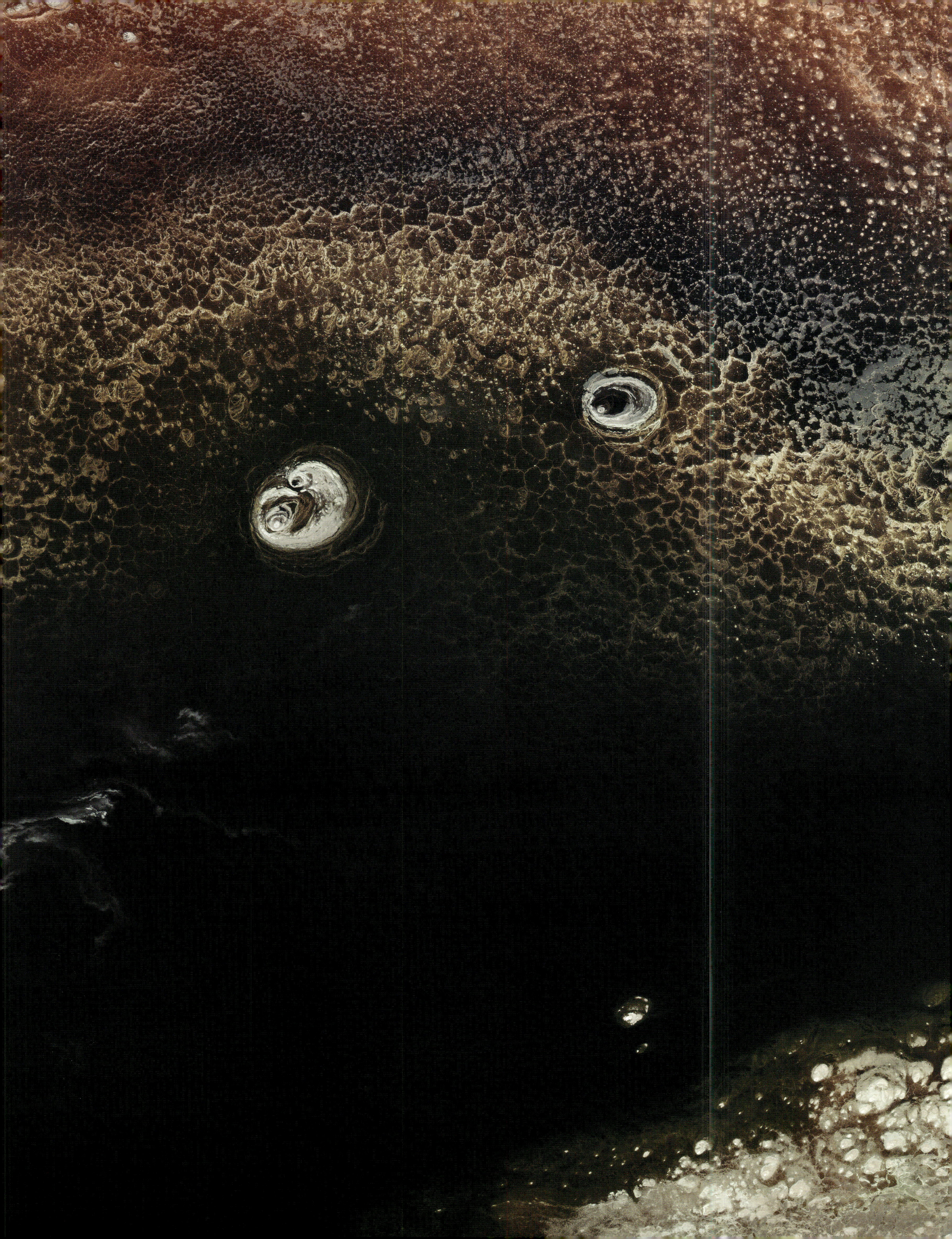

SOUTHWEST ASIA

SÜDWESTASIEN · ASIE DU SUD-OUEST
ZUIDWEST-AZIË · ASIA SUROCCIDENTAL · ASIA SUDOCCIDENTALE
SUDOESTE ASIÁTICO · SYDVÄSTASIEN

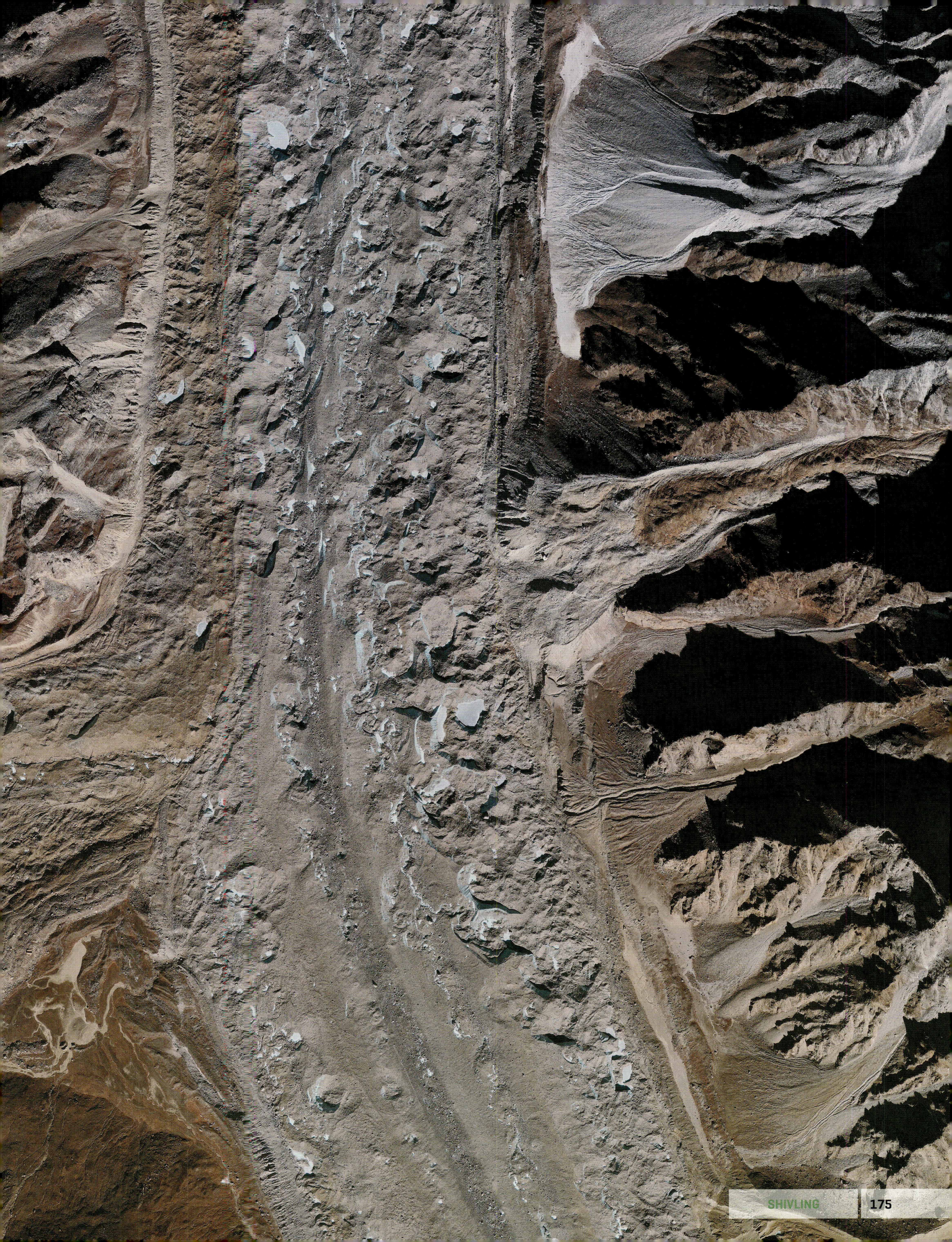

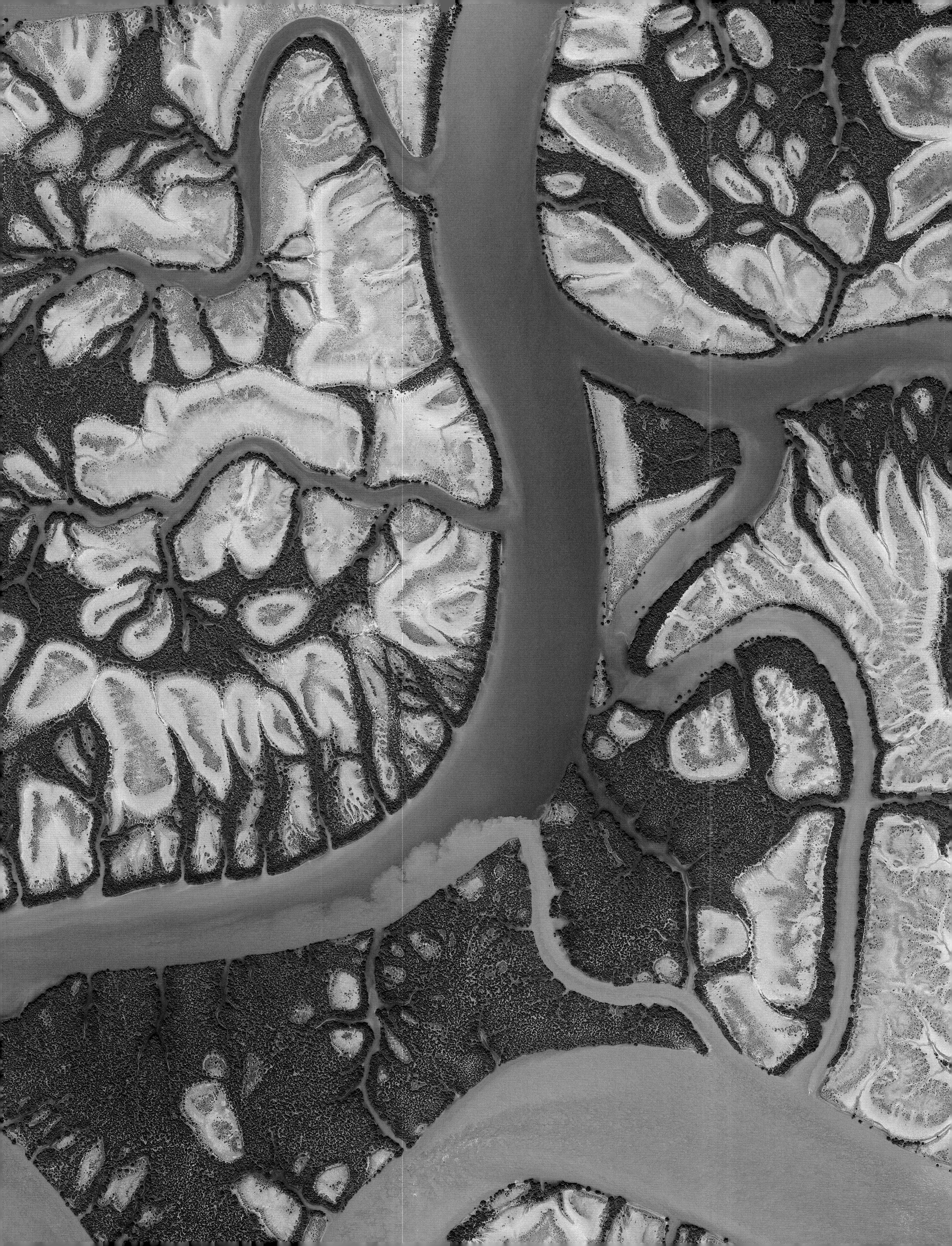

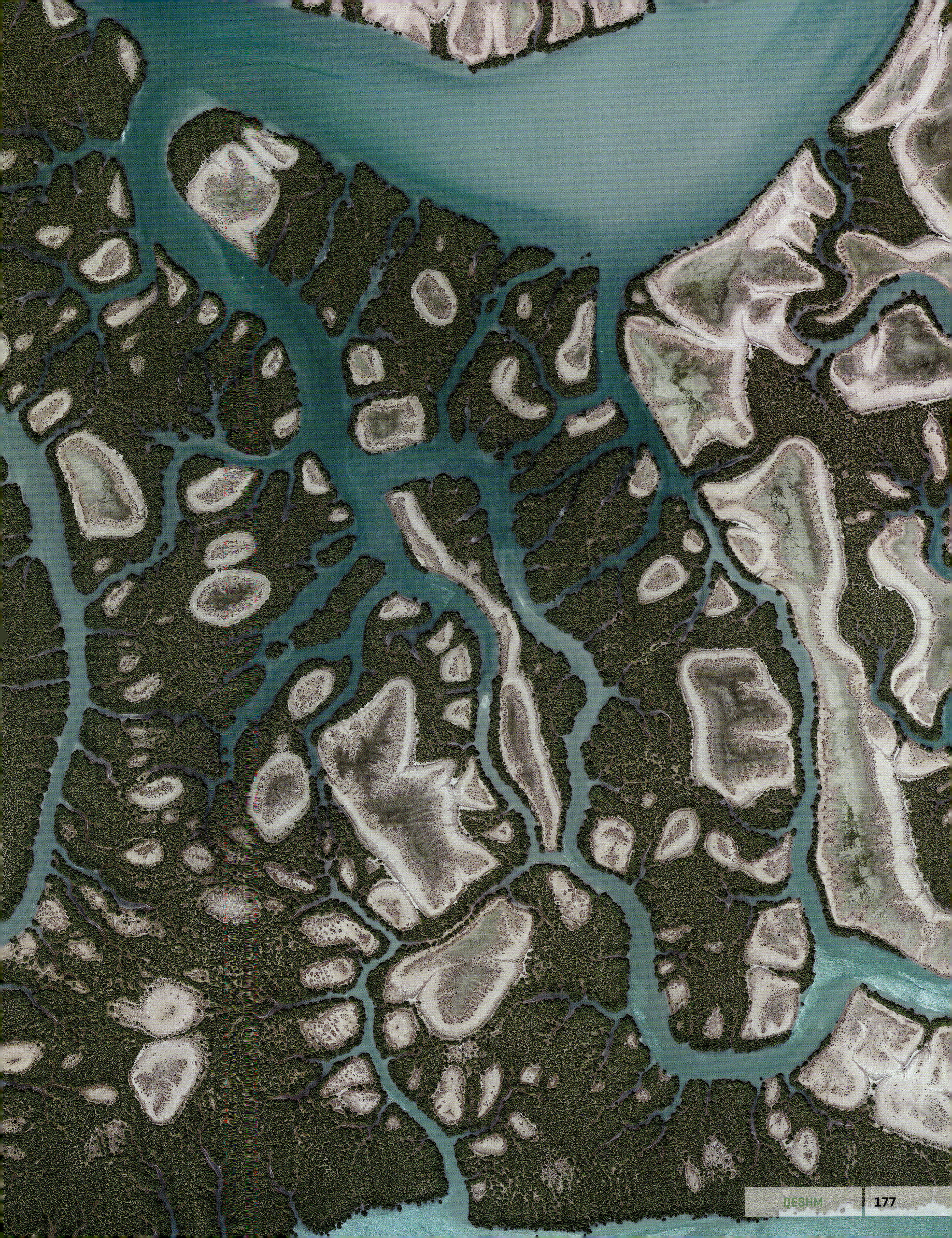

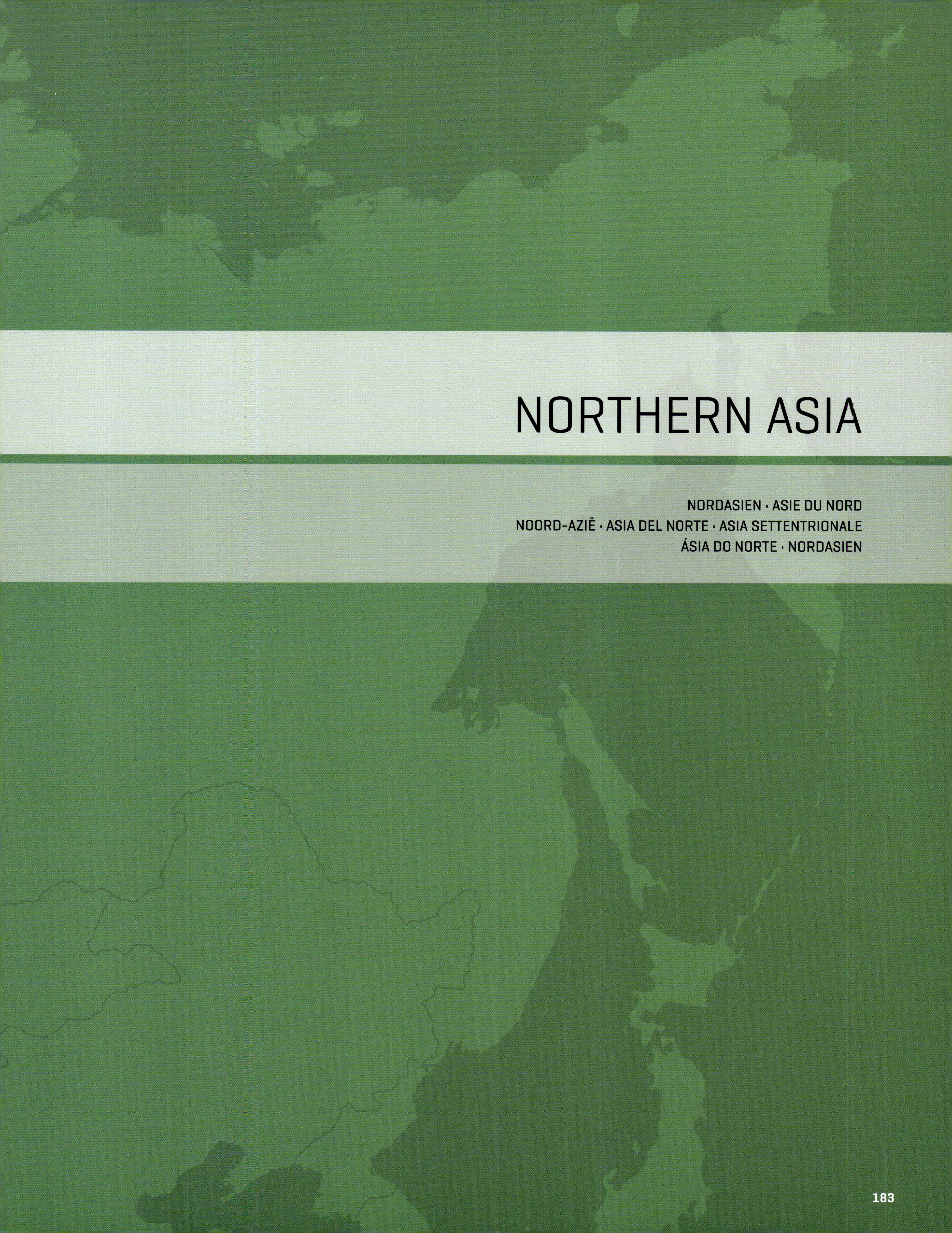

NORTHERN ASIA

NORDASIEN · ASIE DU NORD
NOORD-AZIË · ASIA DEL NORTE · ASIA SETTENTRIONALE
ÁSIA DO NORTE · NORDASIEN

SOUTHEAST ASIA

SÜDOSTASIEN · ASIE DU SUD-EST
ZUIDOOST-AZIË · ASIA SURORIENTAL · ASIA SUD ORIENTALE
SUDESTE ASIÁTICO · SYDOSTASIEN

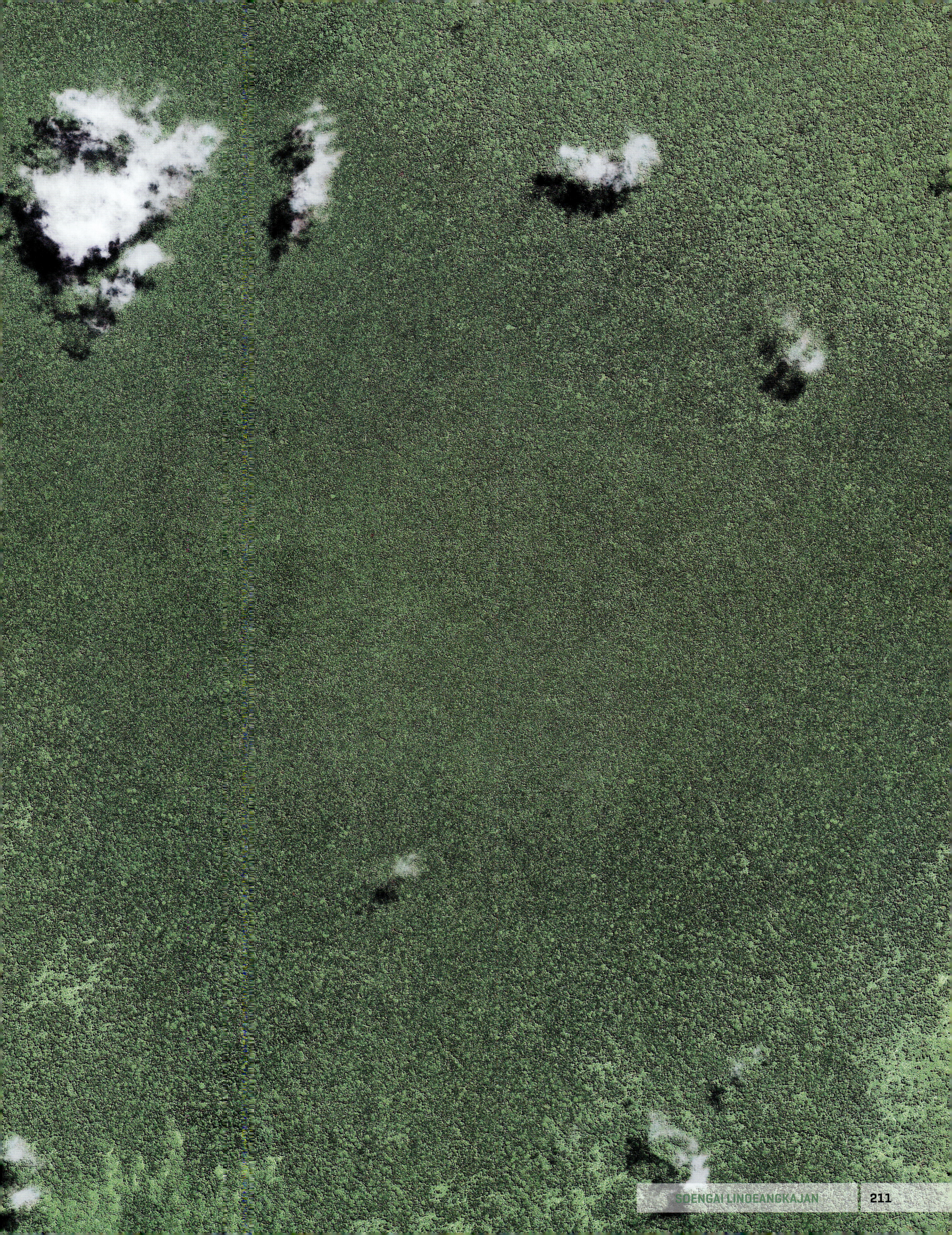

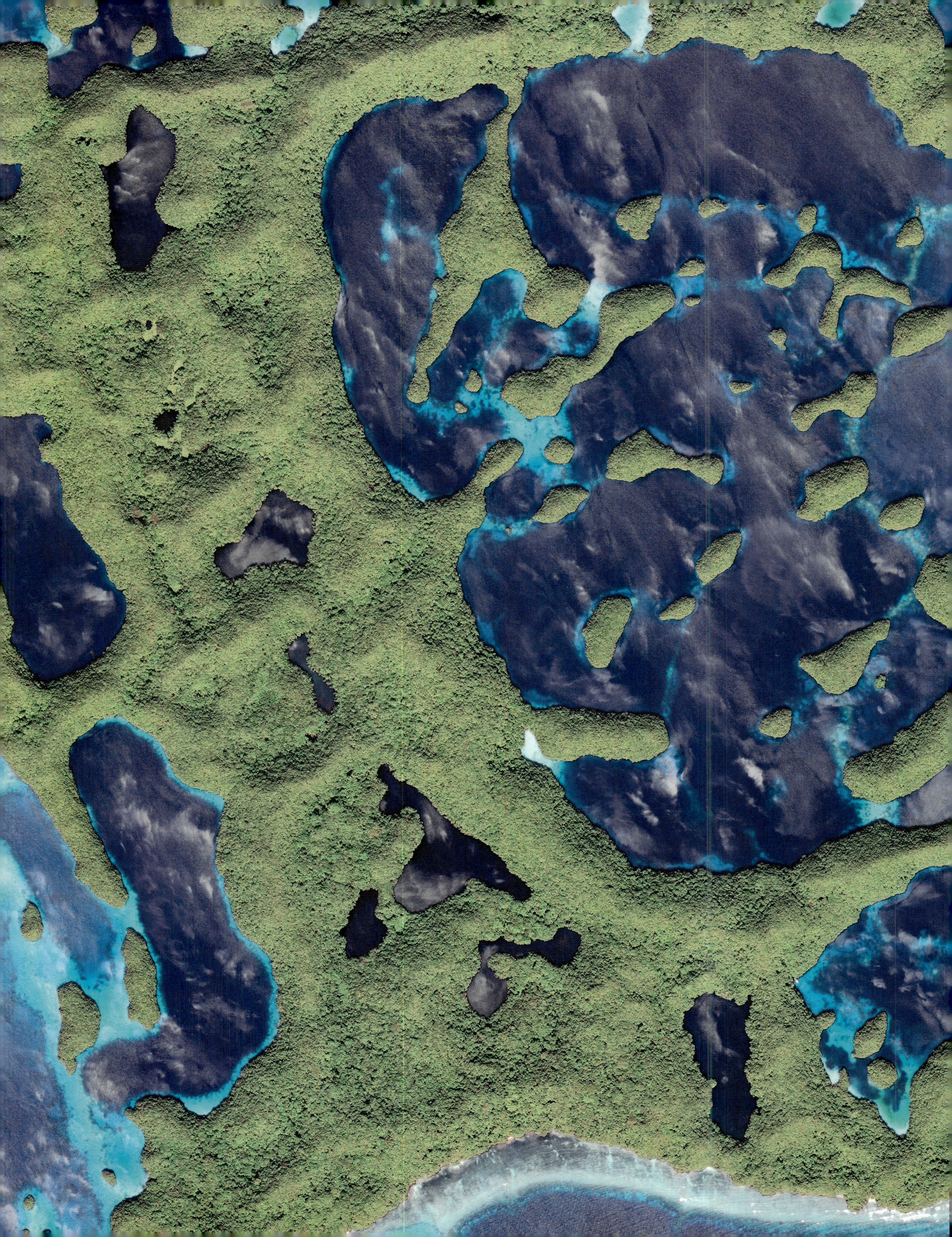

AUSTRALIA

AUSTRALIEN · AUSTRALIE
AUSTRALIË · AUSTRÁLIA

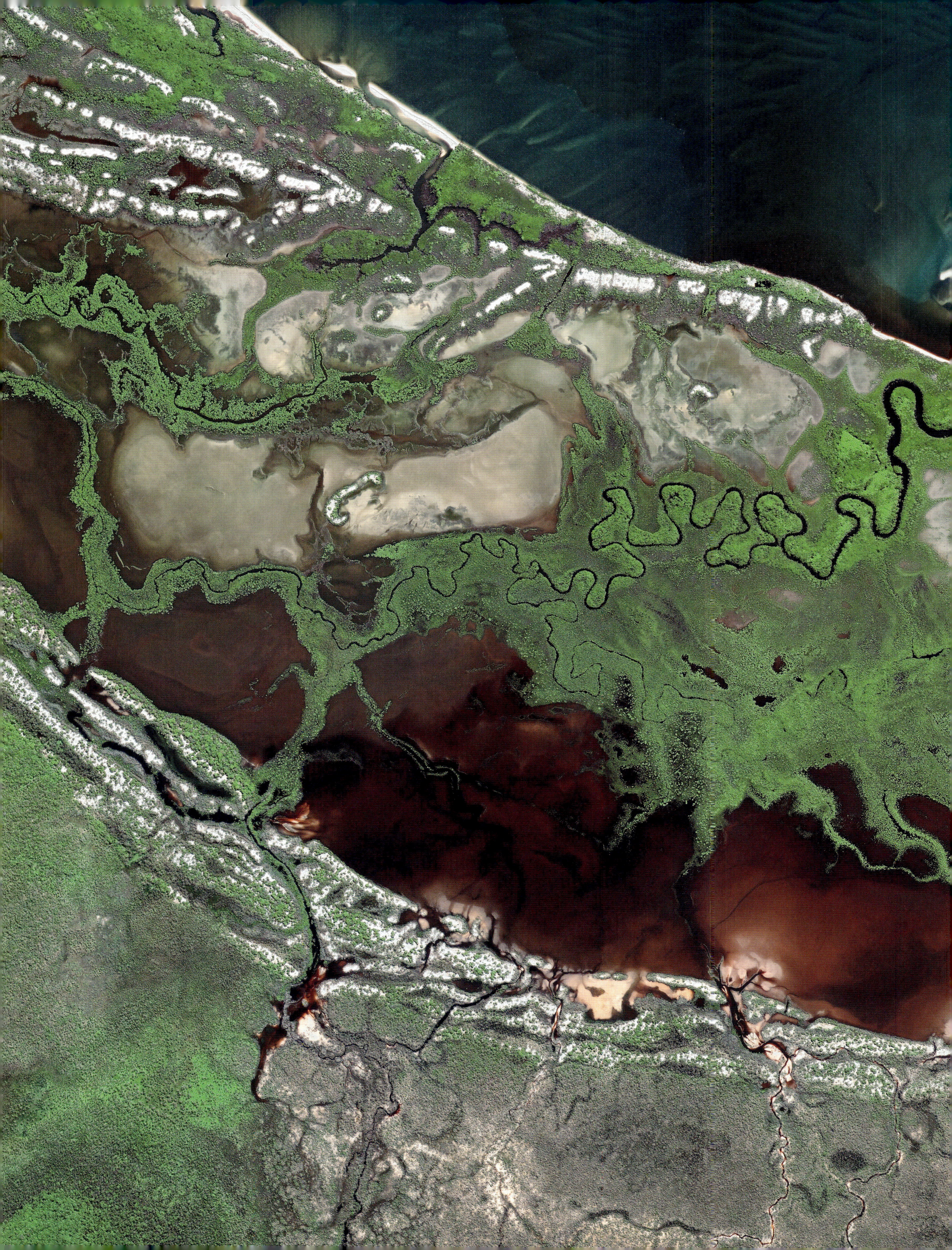

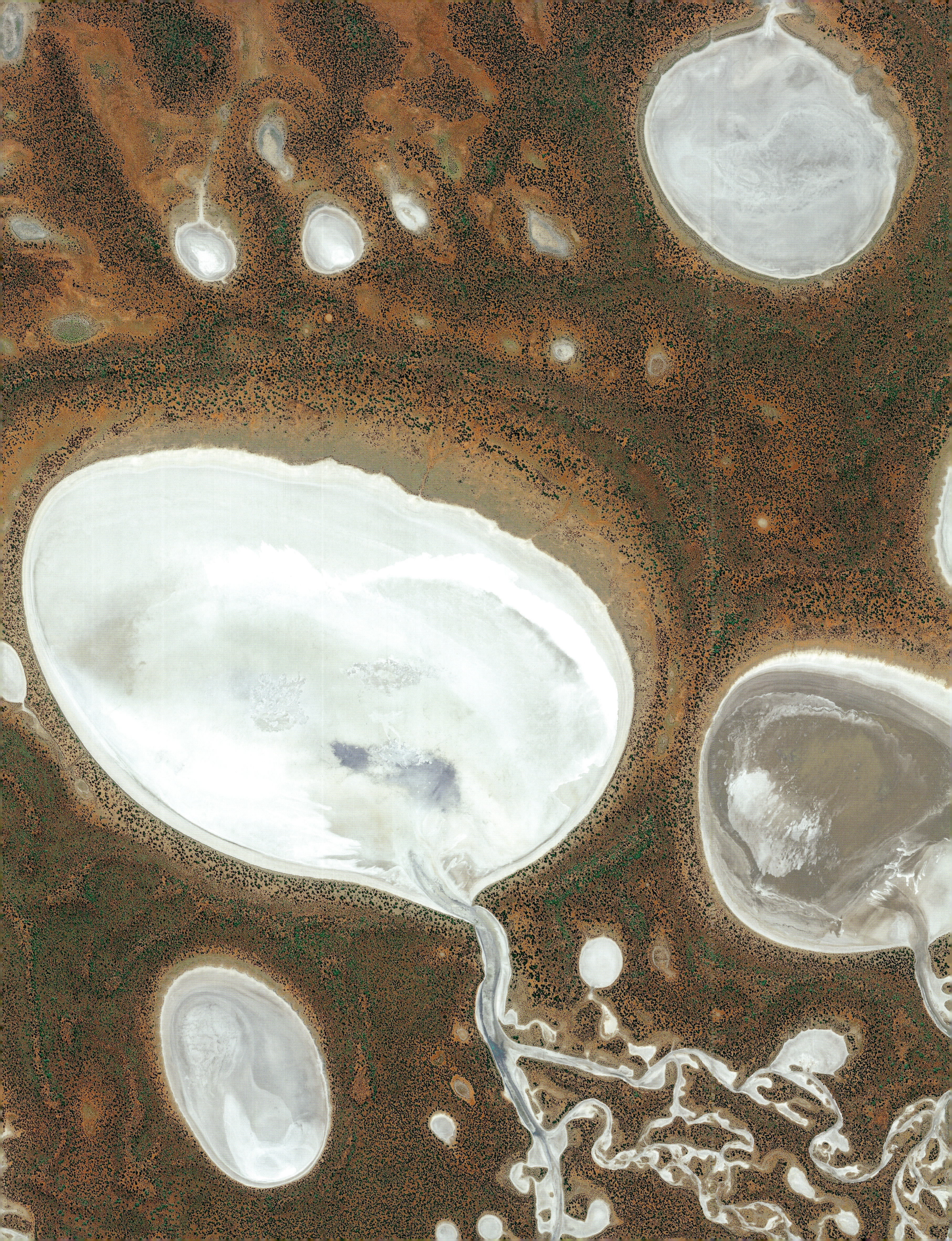

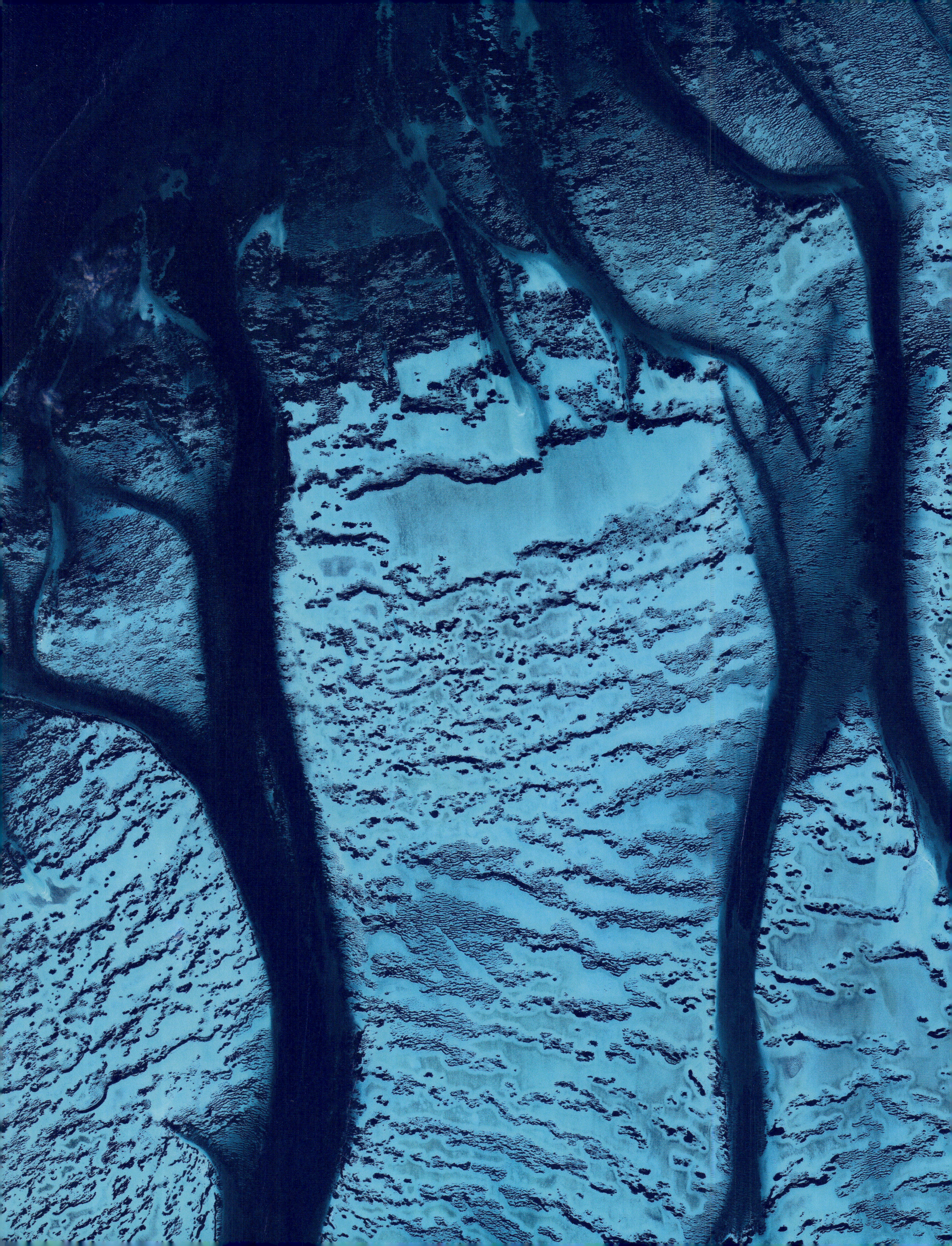

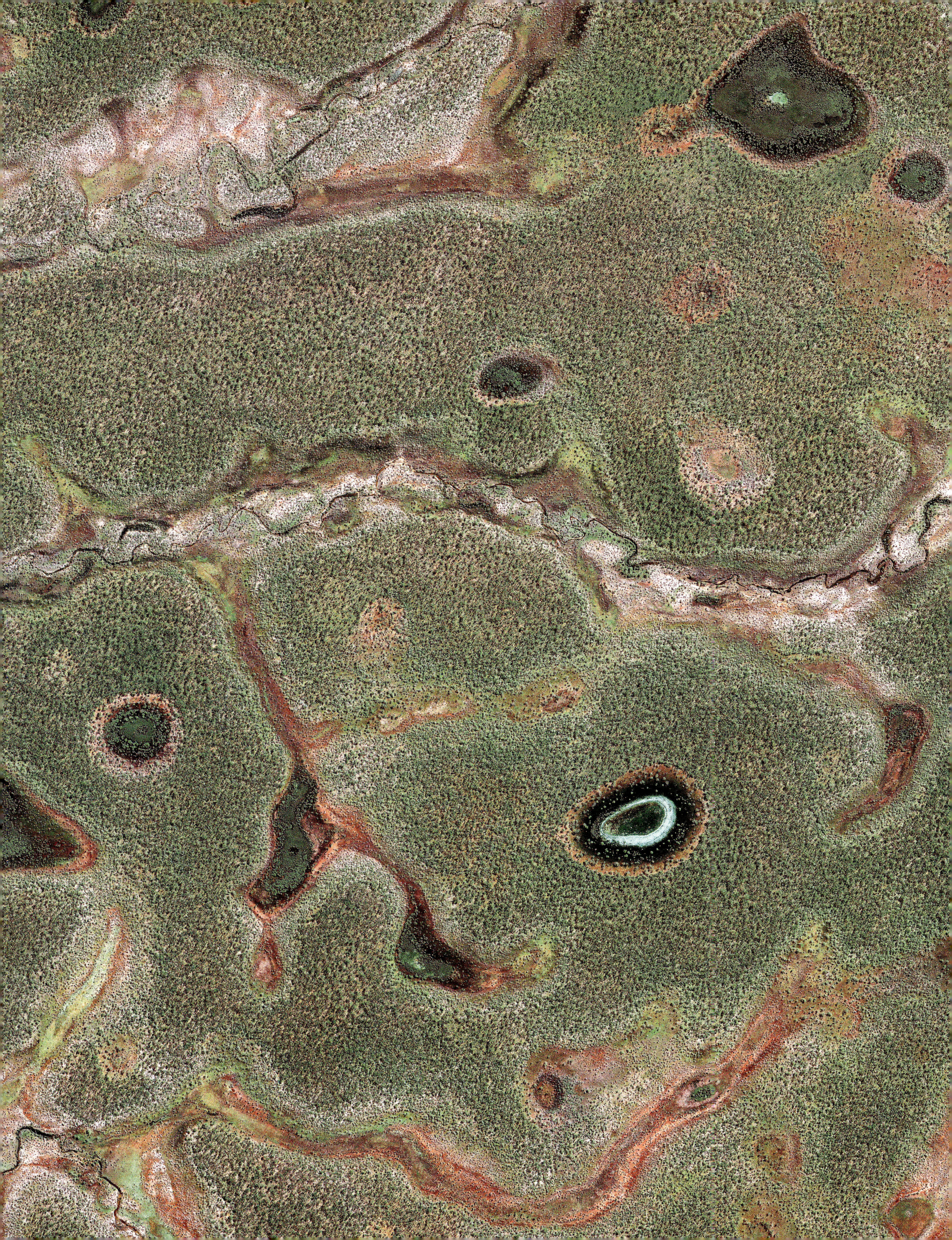

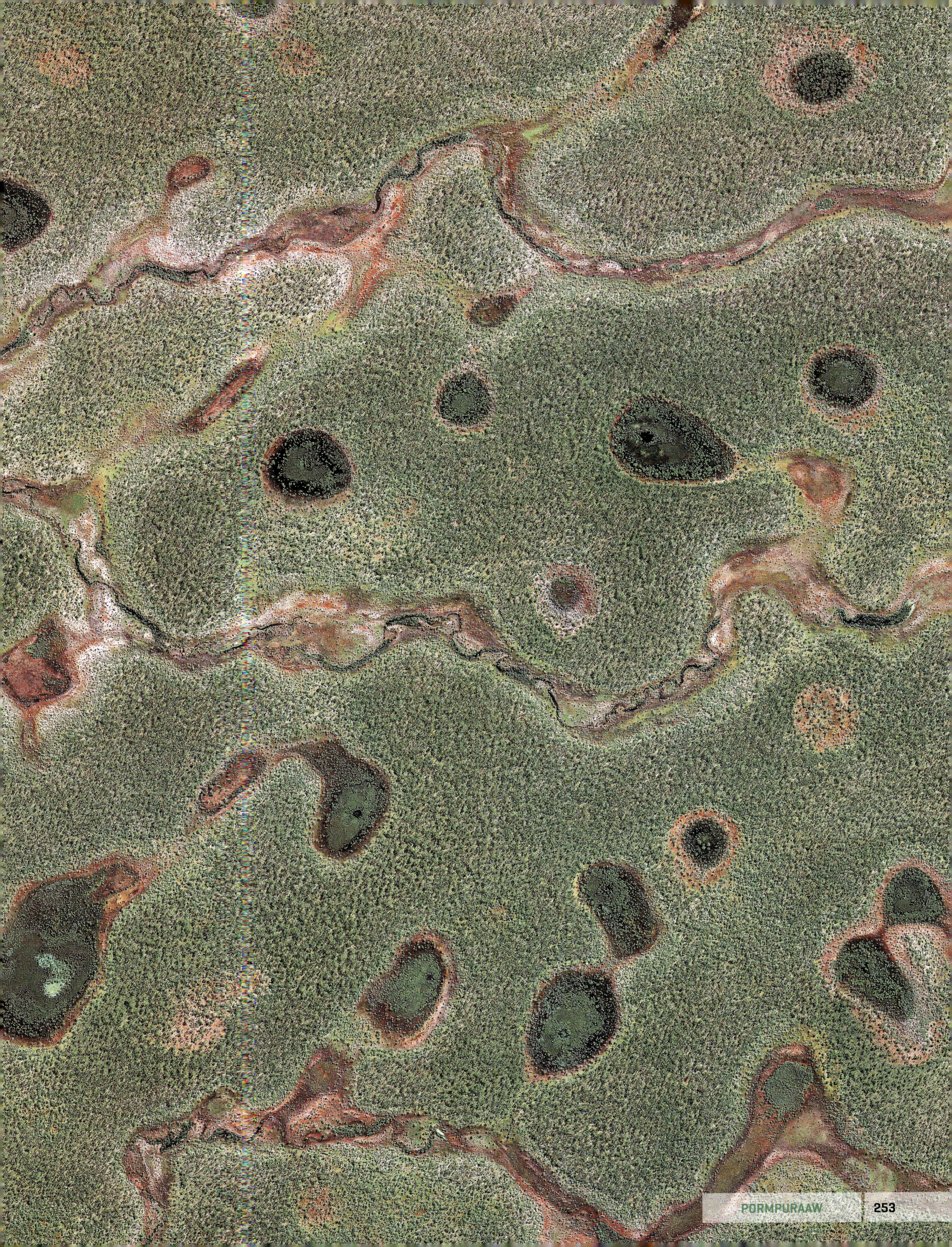

OCEANIA

OZEANIEN · OCÉANIE
OCEANIË · OCEANÍA
OCEÂNIA · OCEANIEN

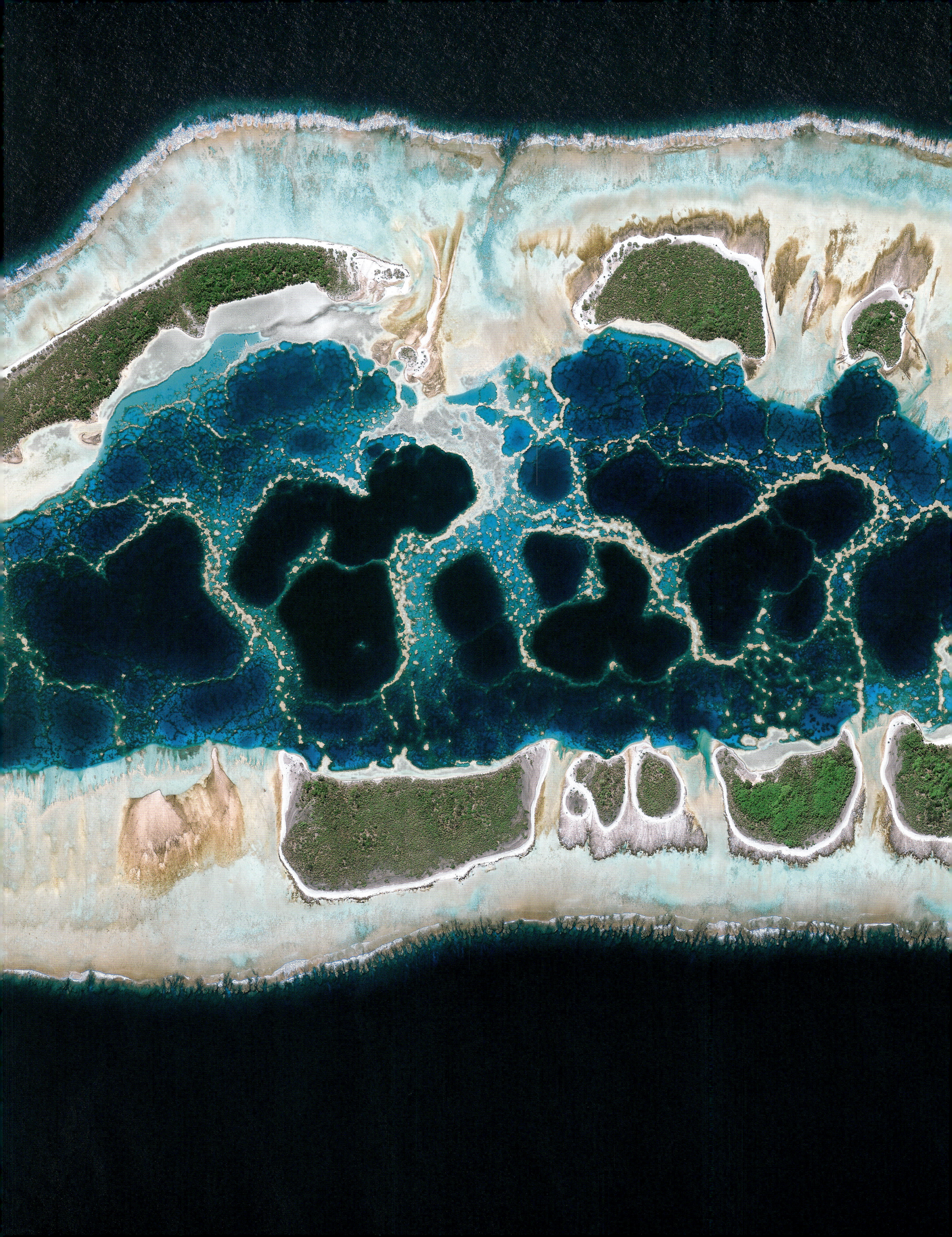

ANTARCTIC

ANTARKTIS · ANTARCTIQUE
ANTARCTICA · ANTÁRTIDA
ANTARTIDE · ANTÁRTIDA

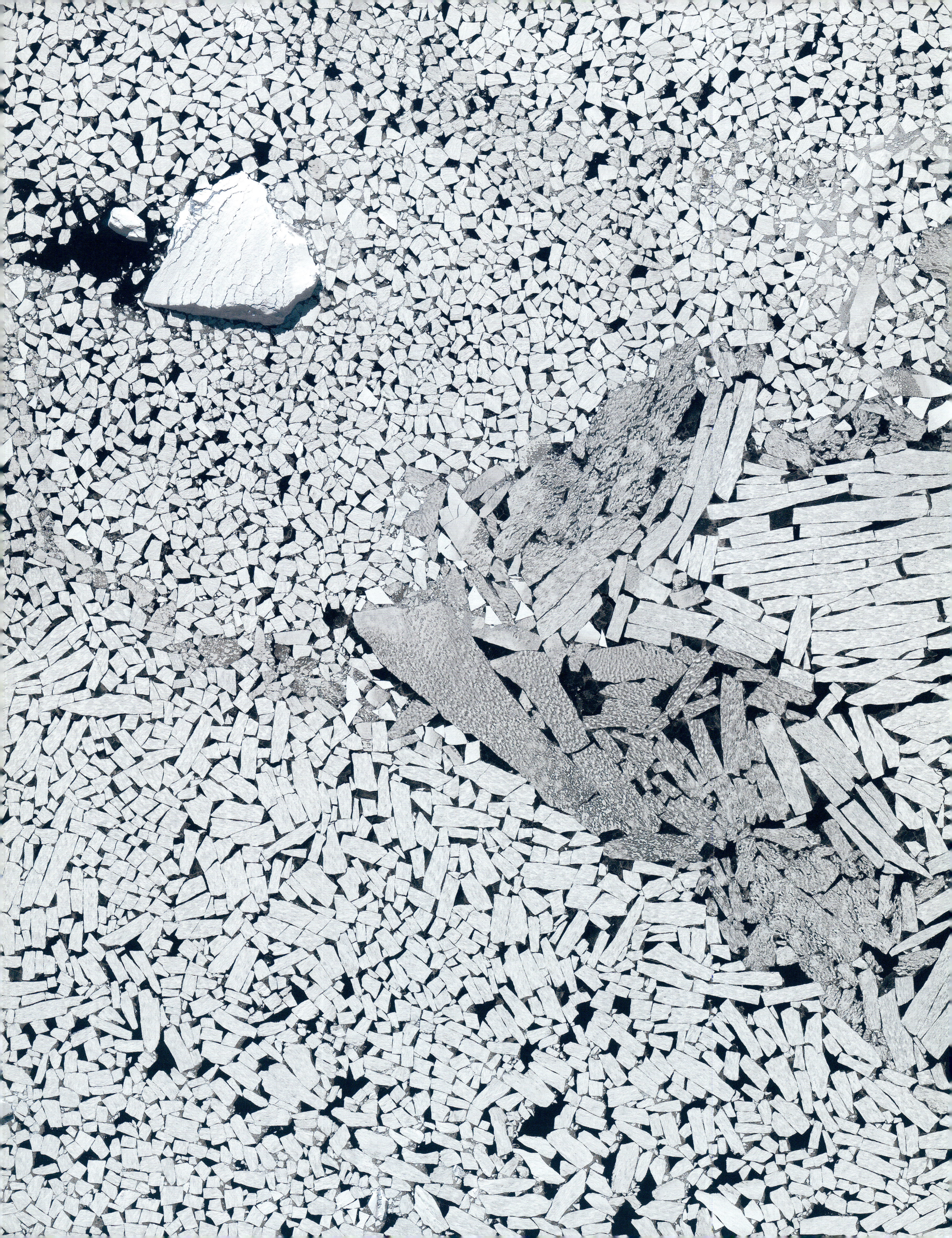

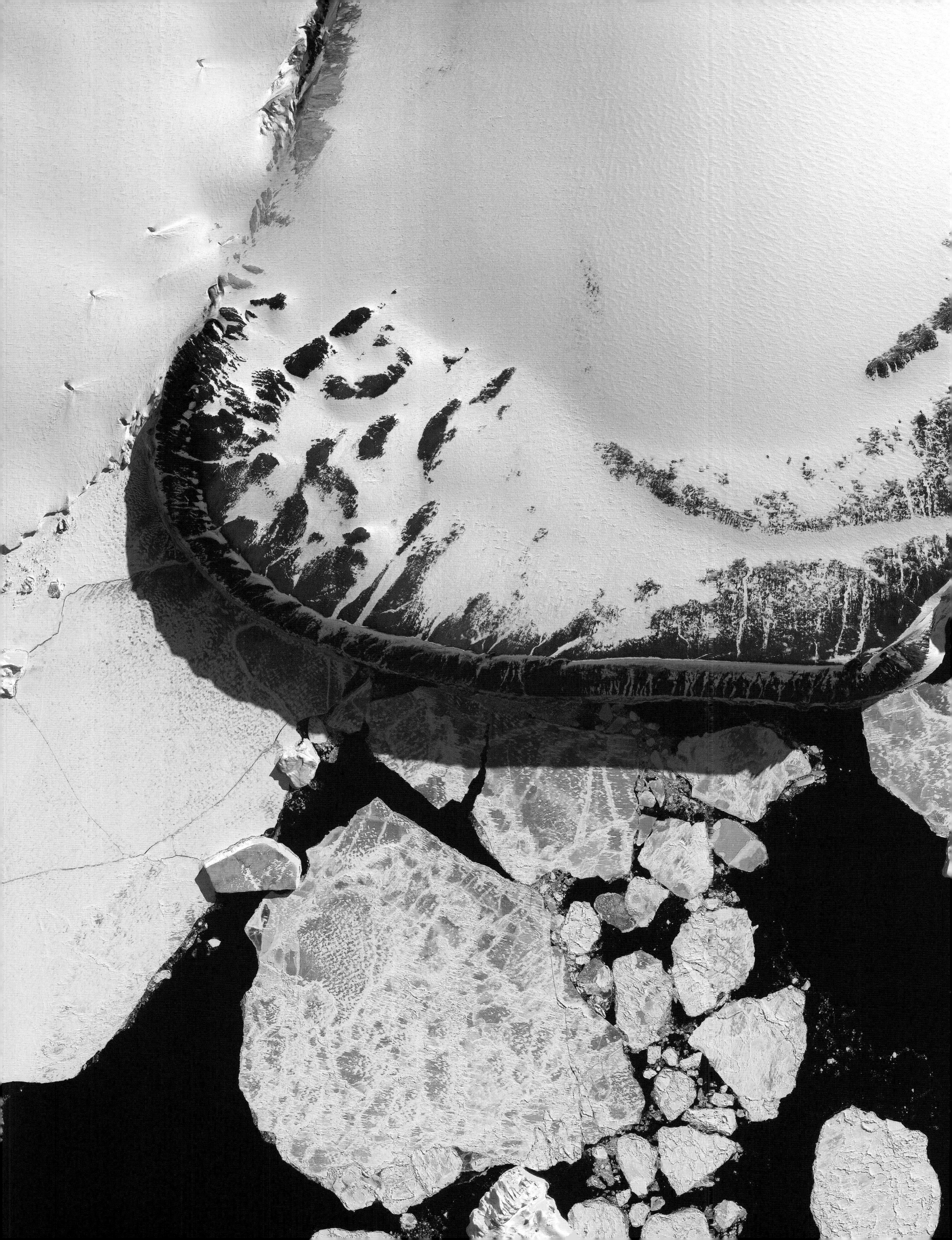

13

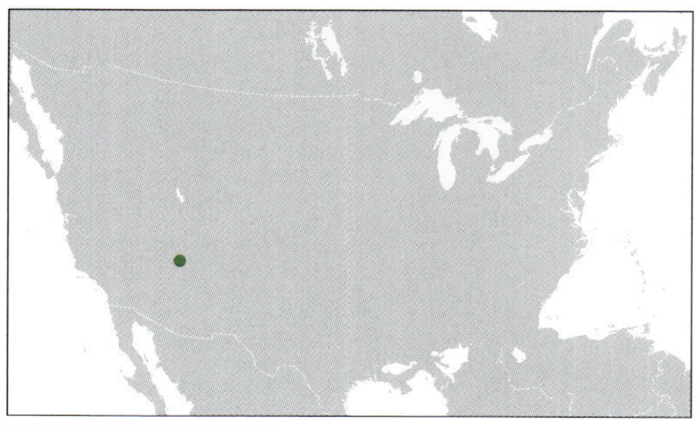

36°37.9' N / 111°45.7' W

M A F H S I T C P

MARBLE CANYON

The colourful Marble Canyon is located between Lake Powell and the Grand Canyon. Slicing through the Colorado River plateau in Arizona, it was saved from being dammed up.

Tief ins Colorado-Plateau in Arizona ist der farbenprächtige Marble Canyon eingeschnitten. Zwischen dem Lake Powell und dem Grand Canyon wurde hier von einem Staudammprojekt Abstand genommen.

Profond et haut en couleurs, le Marble Canyon serpente dans le plateau du Colorado, en Arizona. On voit ici l'élargissement du fleuve, suite à un projet de barrage entre le lac Powell et le Grand Canyon.

De prachtig gekleurde Marble Canyon is diep in het Colorado Plateau in Arizona uitgesneden. Het stuwdamproject tussen Lake Powell en de Grand Canyon heeft geen doorgang gekregen.

El colorido cañón de Mármol se emplaza en las profundidades de la meseta del Colorado en Arizona. Se desestimó el proyecto de construcción de un dique entre el lago Powell y el Gran Cañón.

Il Marble Canyon, con i suoi magnifici colori, è scavato nelle profondità dell'Altopiano del Colorado, in Arizona. Qui è stato ripreso tra il lago Powell e il Grand Canyon dal progetto di una diga di sbarramento.

O colorido Marble Canyon encontra-se profundamente entalhado no planalto do Colorado, no Arizona. O projeto de construção de uma barragem entre o lago Powell e o Marble Canyon foi posto de parte.

Djupt inne på Coloradoplatån i Arizona, ligger den färgsprakande Marble Canyon mellan Lake Powell och Grand Canyon.

Satellite: GeoEye-1
Acquisition Date: 2010-08-20

15

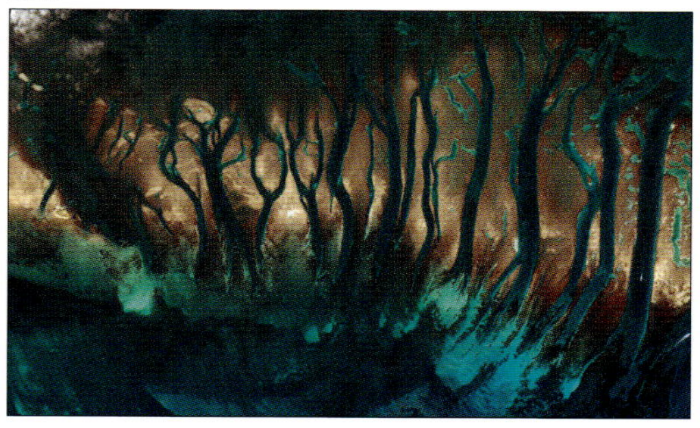

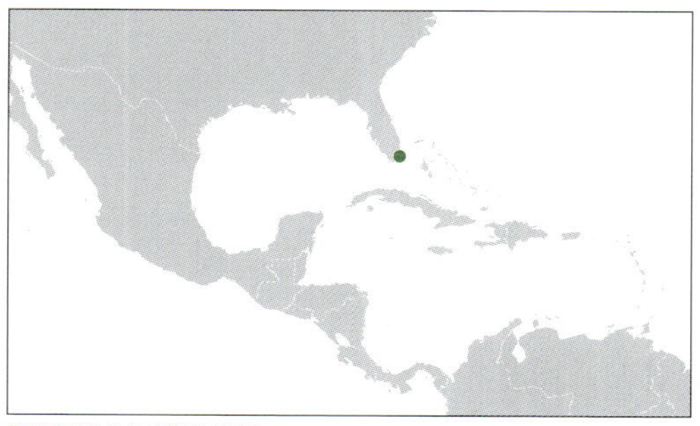

25°37.6' N / 80°10.4' W

M A F H S I T C P

BISCAYNE

The world's third-largest coral reef is located off the southeast coast of Florida. Mangrove forests, manatees, and sea turtles populate the National Park established in 1980.

Der Südostküste Floridas vorgelagert liegt das drittgrößte Korallenriff der Erde. Mangrovenwälder, Manatees (Seekühe) und Meeresschildkröten prägen den seit 1980 bestehenden Nationalpark.

Le troisième récif corallien le plus grand du monde s'étire au large de la côte sud-est de la Floride. Ce parc naturel, créé en 1980, abrite des forêts de mangrove, des lamantins (ou vaches de mer) et des tortues de mer.

Voor de zuidoostkust van Florida ligt het op twee na grootste koraalrif ter wereld. Mangrovebossen, lamantijnen (zeekoeien) en zeeschildpadden kenmerken het nationale park dat in het 1980 in leven werd geroepen.

Frente a la costa suroriental de Florida, yace el tercer arrecife de coral más grande del planeta. Los manglares, manatíes (vacas marinas) y tortugas marinas caracterizan este parque nacional establecido desde 1980.

La terza barriera corallina più grande del mondo si trova a sud della costa meridionale della Florida. Mangrovie, lamantini (conosciuti come mucche di mare) e tartarughe popolano il Parco Nazionale, esistente dal 1980.

Em frente à costa sudeste da Florida, encontra-se o terceiro maior recife de coral do mundo. Este parque nacional, que já existe desde 1980, é dominado por mangais, manatis (vacas-marinhas) e tartarugas-marinhas.

Utanför Floridas sydkust ligger jordens tredje största korallrev. Mangroveskog, manater (sjökor) och havssköldpaddor präglar området, som blev nationalpark 1980.

Satellite: IKONOS
Acquisition Date: 2002-01-11

17

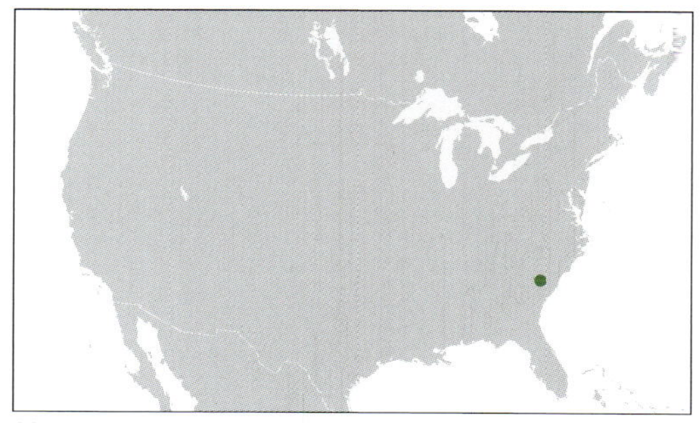

33°47.9' N / 80°47.6' W

M A F H S I T C P

CONGAREE

Surrounded by South Carolina subdivisions, Congaree National Park is the last remaining sizeable hardwood forest in the U.S. Alligators are at home here, far below what are the highest natural canopies in the world.

Umgeben vom Siedlungsraum South Carolinas beherbergt der Congaree Nationalpark den letzten größeren Hartholzwald der USA. Neben einem der höchsten natürlichen Kronendächer der Erde findet man hier auch Alligatoren.

Entouré de zones d'habitations, le parc national de Congaree, en Caroline du Sud, abrite l'une des dernières forêts de feuillus des États-Unis. Ces arbres forment la plus haute canopée du monde, sous laquelle vivent des alligators.

Omgeven door nederzettingen herbergt het Congaree National Park het laatste grote hardhoutwoud van de VS. Naast een van de hoogste natuurlijke bladerendaken van de wereld, zijn hier ook alligators te vinden.

Alrededor del estado de Carolina del Sur, se encuentra el Parque Nacional Congaree, el cual alberga la mayor extensión de bosque caducifolio de Estados Unidos. Además de representar uno de los doseles forestales naturales más altos de la tierra, también es un lugar donde pueden encontrarse caimanes.

Circondato dalle aree residenziali della Carolina del Sud, il Parco Nazionale di Congaree ospita l'ultima e la più importante foresta di latifoglie degli Stati Uniti. Oltre a una delle più alte volte forestali naturali della Terra, nel parco vivono anche gli alligatori.

Rodeado pelas áreas povoadas da Carolina do Sul, o Parque Nacional de Congaree alberga a última grande floresta decídua temperada dos Estados Unidos. Para além de um dos dosséis florestais naturais mais altos do mundo, podem também encontrar-se aqui jacarés.

Omgiven av bosättningarna i South Carolina är Congaree Nationalpark den största hårdträskogen i USA. Under ett av världens högsta naturliga tak av trädkronor finner man här till och med alligatorer.

Satellite: IKONOS
Acquisition Date: 2010-09-17

19

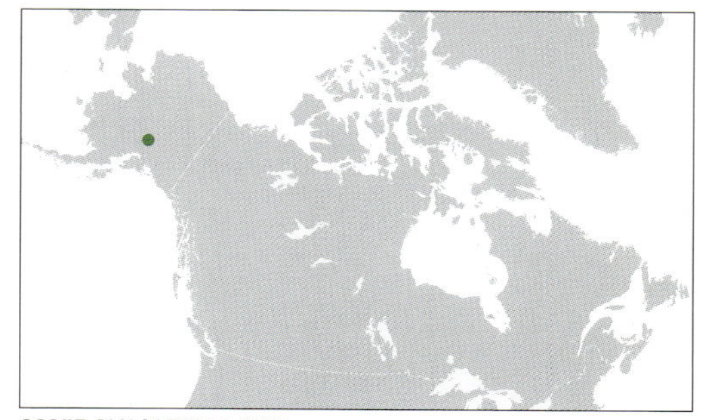

62°45.8' N / 151°16.6' W

M A F H S I T C P

KAHILTNA GLACIER

The approximately 60 km long Kahiltna Glacier runs from Denali (Mt. McKinley), the highest mountain in North America at 6 194 m, down to 300 meters above sea level.

Der fast 60 km lange Kahiltna Glacier reicht vom höchsten Berg Nordamerikas, dem Denali oder Mount McKinley (6 194 m), bis auf die Seehöhe von 300 m herab.

Le glacier Kahiltna, long de près de 60 km, part de la plus haute montagne d'Alaska, le Denali ou mont McKinley (6 194 m), et s'arrête à 300 m au-dessus du niveau de la mer.

De bijna 60 km lange Kahiltna gletjser reikt vanaf de hoogste berg in Noord-Amerika, de Denali of Mount McKinley (6 194 m), tot driehonderd meter boven zeeniveau.

Los casi 60 km de longitud del glaciar Kahiltna se extienden desde el pico más alto de Norteamérica, el Denali o monte McKinley (6 194 m), hasta 300 m a nivel del mar.

Con quasi 60 km di lunghezza, il ghiacciaio Kahiltna si estende dalla montagna più alta del Nord America, il monte McKinley o Denali (6 194 m), fino all'altitudine di 300 m sul livello del mare.

O glaciar de Kahiltna, com quase 60 km, desce desde o pico mais alto da América do Norte, o Denali ou Monte McKinley (6 194 m), até uma altitude de 300 m acima do nível do mar.

Den nästan 60 km långa Kahiltna Glacier sträcker sig från Nordamerikas högsta berg, Denali eller Mount Kinley (6 194 möh), ner till 300 meters höjd.

Satellite: IKONOS
Acquisition Date: 2003-08-09

21

25°50.5' N / 81°30.1' W

M A F H S I T C P

EVERGLADES

The tropical swamp of the Florida Everglades is primarily covered with grass, with mangrove forests growing along the coast. These forests are home to both alligators and crocodiles.

Die tropischen Sümpfe der Everglades in Florida sind vor allem von Gras bedeckt. Im Küstenbereich schließen Mangrovenwälder die Everglades ab. Nur hier findet man zugleich Alligatoren und Krokodile.

Les marais tropicaux de Floride sont essentiellement recouverts d'herbe. Dans les zones côtières, les Everglades sont délimités par des forêts de mangrove. C'est la seule région du monde où l'on trouve à la fois des alligators et des crocodiles.

Het tropische moeras van de Everglades in Florida is voornamelijk met gras bedekt. In het kustgebied sluiten de mangrovebossen de Everglades af. Dit is de enige plek ter wereld waar zowel alligators als krokodillen te vinden zijn.

Las marismas tropicales de los Everglades en Florida están cubiertas sobre todo, de hierba, de manglares que recorren la costa. Aquí se pueden encontrar caimanes y cocodrilos.

Le paludi tropicali delle Everglades in Florida sono coperte principalmente da erba. Nella zona costiera, le Everglades sono delimitate da foreste di mangrovie. Solo qui vivono sia alligatori sia coccodrilli.

Os pântanos tropicais do Everglades, na Florida, estão essencialmente cobertos por capim. Nas regiões costeiras o Everglades é rodeado por mangais. É o único lugar onde se encontram simultaneamente jacarés e crocodilos.

De tropiska sumpmarkerna Everglades i Florida är framför allt gräståckta. I kustområdena avgränsas Everglades av mangroveskogar. Endast här finner man alligatorer och krokodiler.

Satellite: WorldView-2
Acquisition Date: 2010-01-11

23

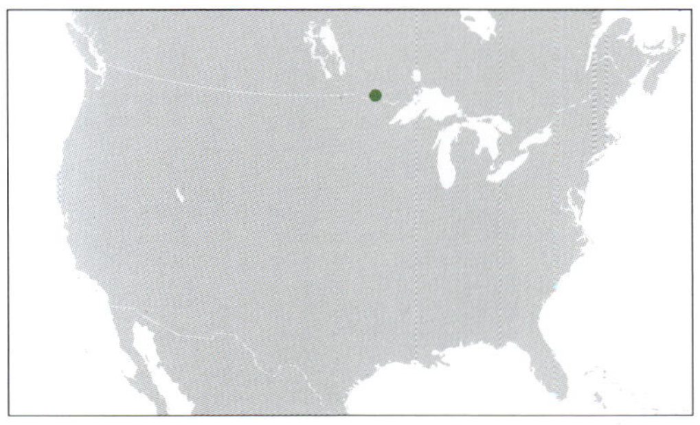

48°46.3' N / 93°16.6' W

M A F H S I T C P

RAINY LAKE

Numerous islands formed by glaciers and covered by forest dot Rainy Lake, which is part of the Canadian lake system extending from the Arctic Sea to the Great Lakes.

Mit seinen zahlreichen, von Gletschern geformten und mit Wald bedeckten Inseln ist der Rainy Lake Teil des kanadischen Seensystems, das sich von der Arktis zu den Großen Seen ausdehnt.

Avec ses innombrables îles formées par les glaciers et recouvertes de forêts,le Rainy Lake fait partie du réseau de lacscanadiens qui s'étend de l'océan Arctique à la région des Grands Lacs.

Het Rainy Lake, met zijn vele door gletsjers gevormde en met bossen bedekte eilanden, is onderdeel van het Canadese merensysteem dat zich van het poolgebied uitstrekt tot de grote meren.

Con sus numerosas islas, repletas de glaciares y recubiertas de vegetación, la parte del lago Rainy en la zona de los lagos canadiense se extiende desde el Polo Norte hasta los Grandes Lagos.

Con le sue numerose isole modellate dai ghiacciai e ricoperte da boschi, il Rainy Lake fa parte del sistema dei laghi canadesi, che si estende dal Mar Artico fino ai Grandi Laghi.

O lago Rainy, com as suas numerosas ilhas moldadas pelos glaciares e cobertas de florestas, faz parte do sistema de lagos canadiano, que se estende desde o Ártico à região dos Grandes Lagos.

Med sina talrika, av glaciärer formade och skogsbetäckta öar är Rainy Lake en del av det kanadensiska sjösystemet, som sträcker sig från Arktis till de Stora sjöarna.

Satellite: GeoEye-1
Acquisition Date: 2009-09-26

25

68°7.8' N / 133°45.8' W

M A F H S I T C P

McKENZIE RIVER

Between cliffs worn away by glaciers, the valley spreads out with meandering tributaries and numerous lakes that freeze over in winter and form extensive wetlands in the summer.

Zwischen von Gletschern abgeschliffenen Felsen breitet sich das Tal mit mäandrierenden Flussarmen und zahlreichen Seen aus – im Winter gefroren, im Sommer eine ausgedehnte Sumpflandschaft.

La vallée se déploie entre les falaises érodées par les glaciers et les méandres sinueux de nombreuses rivières. Paysage gelé en hiver, il se transforme en marécage en été.

Tussen de door gletsjers afgesleten rotsen breidt zich het dal met meanderende rivierarmen en talrijke meren uit; in de winter bevroren, in de zomer een uitgebreid moeraslandschap.

Entre acantilados erosionados por los glaciares se extiende el valle con serpenteantes afluentes y gran cantidad de lagos, que se muestran congelados en invierno y regalan un vasto paisaje pantanoso en verano.

Tra le rocce levigate dai ghiacciai la valle si estende tra meandri sinuosi e numerosi laghi, gelati in inverno e paludosi d'estate.

O vale avança por entre escarpas polidas pelos glaciares, formando vários braços, meandros e numerosos lagos, gelados no inverno, mas constituindo no verão uma imensa paisagem pantanosa.

Mellan klippor avskurna av glaciärer brer dalen ut sig, med meandrande flodarmar och talrika sjöar, som fryser på vintern och som blir till ett sumplandskap på sommaren.

Satellite: QuickBird
Acquisition Date: 2004-06-29

27

46°12.2' N / 122°12.5' W

M A F H S I T C P

MOUNT ST. HELENS

Since erupting in 1980, when it lost 400 metres from its peak, Mount St. Helens and the surrounding area have become a natural laboratory for studying how nature regenerates itself.

Seit seinem Ausbruch 1980, bei dem der Gipfel weggesprengt wurde und der Vulkan 400 m Höhe verlor, ist das Gebiet um den Mount St. Helens ein Labor zum Studium der Regeneration der Natur.

Depuis l'éruption de 1980 qui décapita le sommet du volcan et fit baisser son altitude de 400 m, le mont Saint Helens et ses environs sont devenus un laboratoire à ciel ouvert, voué à l'étude de la régénération naturelle.

Sinds zijn uitbarsting in 1980, waarbij de top werd weggeblazen en de vulkaan 400 m hoogte verloor, is het gebied rondom Mount St. Helens een laboratorium voor de studie naar de regeneratie van de natuur.

Desde su erupción en 1980, durante la cual la cima de la montaña voló por los aires y el volcán perdió 400 m de altitud, la región del monte Santa Elena se convirtió en un laboratorio de investigación sobre la regeneración de la naturaleza.

Sin dall'eruzione del 1980, quando la cima venne spazzata via e il vulcano perse 400 m di altezza, la zona intorno al Monte Sant'Elena è un laboratorio per lo studio della rigenerazione delle risorse naturali.

Desde a sua erupção em 1980, em que o cume explodiu e o vulcão perdeu 400 m de altura, toda a área em torno do Monte Santa Helena se converteu num laboratório de estudo da regeneração da natureza.

Sedan utbrottet 1980, som sprängde bort topparna och minskade vulkanens höjd med 400 m, är området kring Mount St Helens ett studieområde av naturens förnyelse.

Satellite: IKONOS
Acquisition Date: 2004-10-01

29

70°19.5' N / 156°59.7' W

M A F H S I T C P

ATQASUK

In the permafrost tundra of northern Alaska, home to caribou and polar bears, Atqasuk is a typical combination of wildly meandering rivers and oriented lakes.

Im Permafrostgebiet der Tundra Nordalaskas, Heimat von Karibus und Eisbären, findet sich eine charakteristische Kombination stark mäandrierender Flüsse und einheitlich orientierter Seen.

Les zones de permafrost de la toundra du nord-est de l'Alaska, peuplées de caribous et d'ours polaires, se caractérisent par l'entrelacement de rivières particulièrement tortueuses et de lacs orientés dans la même direction.

In het permafrostgebied van de toendra's in het noorden van Alaska, leefgebied van kariboes en ijsberen, bevindt zich een karakteristieke combinatie van meanderende rivieren en meren.

En territorio permafrost de la tundra del norte de Alaska, hogar de caribúes y osos polares, se encuentra una considerable combinación peculiar de ríos serpenteantes y lagos que se orientan en la misma dirección.

Nella zona della tundra permafrost nel nord dell'Alaska, popolata da caribù e orsi polari, vi è una particolare combinazione di fiumi tortuosi e laghi allineati.

No permafrost da tundra do norte do Alasca, lar de caribus e ursos-polares, encontra-se uma combinação caraterística de rios com meandros muito pronunciados e lagos orientados.

I permafrostområdet i norra Alaskas tundra, hem för caribou och isbjörn, finner man en karakteristisk kombination av starkt meandrande floder och orienterade sjöar.

Satellite: QuickBird
Acquisition Date: 2002-08-01

31

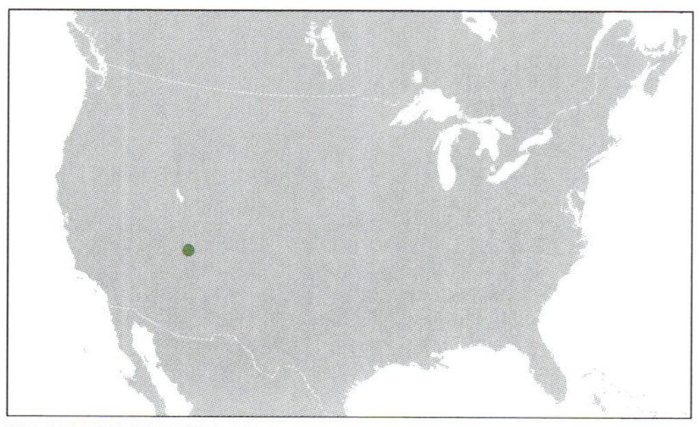

37°32.5' N / 110°59.1' W

M A F H S I T C P

FOLD CANYON

Remnants of the hard surface layer have withstood erosion in the Grand Staircase Escalante National Monument, while rivers continue working their way through the sedimentary layers.

Reste der harten Deckschicht haben im Grand Staircase Escalante National Monument der Erosion widerstanden, dazwischen graben sich die Flüsse immer tiefer in die Sedimentschichten ein.

Les dernières couches géologiques du monument national de Grand Staircase Escalante ont résisté à l'érosion. Les rivières continuent de se frayer un chemin entre les couches de sédiments.

Resten van de harde deklaag hebben in Grand Staircase Escalante National Park de erosie weerstaan. Daartussen graven de rivieren zich steeds dieper in de sedimentlagen.

En el monumento nacional de Grand Staircase Escalante, las resistentes capas de estrato no han sucumbido a la erosión y los ríos se filtran entre el estrato de roca, llegando a lugares cada vez más profundos.

I resti dello strato di rivestimento duro sul Grand Staircase Escalante National Monument hanno resistito all'erosione e, in mezzo, i fiumi hanno scavato sempre più in profondità negli strati di sedimenti.

No Monumento Nacional Grand Staircase Escalante, por entre os restos da rija camada superior que resistiram à erosão, os rios penetram cada vez mais profundamente nos estratos sedimentares.

Rester av det hårda ytskiktet har motstått erosionen i Grand Staircase Escalante National Monument, där floder gräver sig allt djupare ner i sedimentlagren.

Satellite: IKONOS
Acquisition Date: 2003-11-07

33

69°1.7' N / 163°3.5' W

M A F H S I T C P

AMATUSUK HILLS

Barely covered by the barren tundra vegetation of western Alaska, these hills are recognizable by the shifting and erosion of their sedimentary layers.

Von der kargen Tundrenvegetation Westalaskas kaum verdeckt ist das Ergebnis der Hebung und Erosion der geschichteten Sedimentgesteine ausgezeichnet zu erkennen.

À peine dissimulées par la rare végétation de la toundra de l'ouest de l'Alaska, ces collines ont été dessinées par le soulèvement et l'érosion des couches sédimentaires.

Nauwelijks bedekt door de karige toendravegetatie in het westen van Alaska, is het resultaat van het rijzen en eroderen van het oude sedimentgesteente voortreffelijk te zien.

Apenas cubiertas por la estéril vegetación de la tundra de la parte occidental de Alaska, estas colinas son fácilmente reconocibles por el cambio y a erosión de sus capas sedimentarias.

Nascosto a malapena dalla scarsa vegetazione della tundra dell'Alaska occidentale, si possono notare i risultati del sollevamento e l'erosione delle rocce sedimentarie stratificate.

Na região ocidental do Alasca, é possível observar claramente o resultado dos processos de elevação e erosão das rochas sedimentares estratificadas, mal cobertas pela escassa vegetação da tundra.

Knappt täckt av den karga tundravegetationen är västra Alaska resultatet av landhöjning och erosion i de skiktade sedimentära bergarterna och lätt att känna igen.

Satellite: QuickBird
Acquisition Date: 2006-08-24

35

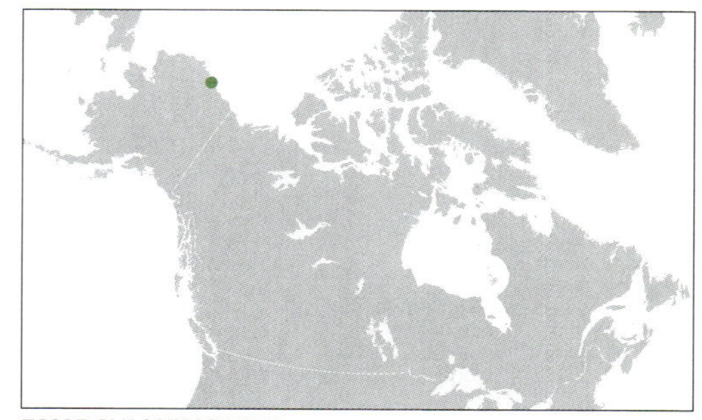

70°25.6' N / 150°34.2' W

M A F H S I T C P

COLVILLE RIVER

Not far from the oil fields of Prudhoe Bay in the flat bed of the Colville River are these islands dotted with tiny lakes.

Nicht weit von den Ölförderanlagen der Prudhoe Bay entfernt bilden sich im flachen Flussbett des Colville Rivers Inseln, die ihrerseits durch ein dichtes Muster kleiner Seen bedeckt sind.

Non loin des plateformes pétrolières de la baie de Prudhoe, ces îles se sont formées dans le lit du fleuve Colville. Ces îles sont elles-mêmes recouvertes de nombreux petits lacs.

Niet ver van de oliewinninginstallatie in Prudhoe Bay vormen zich, in het ondiepe rivierbed van de Colville Rivers, eilanden die zelf weer door een dicht patroon van kleine meren zijn bedekt.

No muy lejos de la plataforma petrolífera en la bahía Prudhoe, justo en el llano cauce del río Colville, se forman unas islas cubiertas de un conjunto compacto de pequeños lagos.

Non lontano dagli impianti di produzione petrolifera della Baia di Prudhoe, nel letto del fiume Colville, si sono formate delle isole coperte a loro volta da una fitta trama di piccoli laghi.

Não muito longe das instalações de exploração petrolífera de Prudhoe Bay formam-se no leito plano do rio Colville ilhas, por seu lado cobertas por uma densa rede de pequenos lagos.

Inte långt från oljeplattformarna i Prudhoe Bay bildas öar i den grunda flodbädden av Corville River, öar som i sin tur är täckta av en rad ännu mindre sjöar.

Satellite: QuickBird
Acquisition Date: 2009-07-26

37

56°17.0' N / 79°18.8' W

M A F H S I T C P

BELCHER ISLANDS

Tectonic shifting and erosion caused by glaciers have left behind ancient layers of hard stone in Hudson Bay now known as the Belcher Islands, which are home to walruses and reindeer.

Tektonische Hebungen und Erosion durch Gletscher haben alte, harte Gesteinsschichten übrig gelassen, die nun die Belcher-Inseln in der Hudson Bay bilden, Heimat für Walrösser und Rentiere.

Les mouvements de soulèvement tectonique et l'érosion glaciaire ont laissé des couches de roches dures qui forment aujourd'hui les îles Belcher dans la baie d'Hudson, paradis des morses et des rennes.

Tektonische verheffingen en erosie door gletsjers hebben oude, harde steenlagen overgelaten die nu de Belcher-eilanden in de Hudson Bay vormen; leefgebied voor walrussen en rendieren.

El movimiento tectónico y la erosión de los glaciares ha dejado resistentes estratos de roca antiguos, los cuales constituyen hoy en día las islas Belcher en la bahía Hudson, hogar de morsas y renos.

I rilievi tettonici e l'erosione dei ghiacciai hanno lasciato dure formazioni rocciose che ora costituiscono l'arcipelago delle Isole Belcher nella Baia di Hudson, terra di renne e trichechi.

As elevações tectônicas e a erosão pelos glaciares pouparam as camadas de rochas mais rijas, que constituem atualmente as ilhas Belcher, na baía de Hudson, habitadas por morsas e renas.

Tektoniska höjningar och erosion av glaciärer har lämnat gamla hårda stenlager, som nu bildar Belcheröarna i Hudson Bay, hem för valrossar och renar.

Satellite: QuickBird
Acquisition Date: 2006-07-09

39

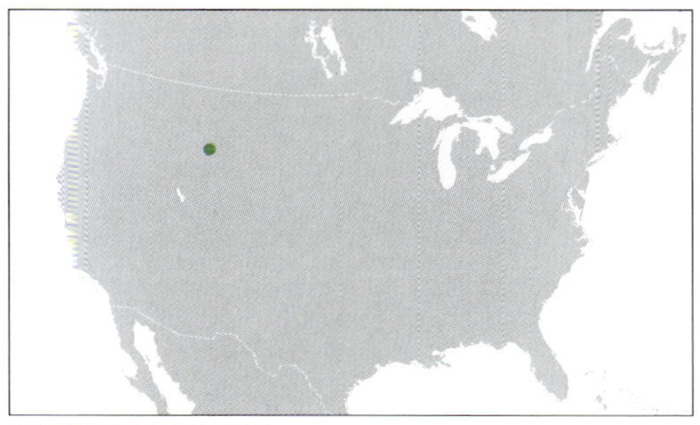

44°41.6' N / 110°27.2' W

M A F H S I T C P

YELLOWSTONE

The volcanic origins of this region can be seen in its geysers and hot springs. Bison, grizzly bears, elk and wolves are at home in the world's oldest national park, founded in 1872.

Der vulkanische Ursprung des Gebiets ist an seinen Geysiren und heißen Quellen zu erkennen. Bisons, Grizzlys, Elche und Wölfe bevölkern den 1872 gegründeten ältesten Nationalpark der Erde.

Les geysers et les sources d'eau chaude témoignent de l'origine volcanique de la région. Bisons, grizzlys, élans et loups peuplent le plus ancien parc national du monde, créé en 1872.

De vulkanische oorsprong van dit gebied is terug te zien in de geisers en hete bronnen. Bizons, grizzly's, elanden en wolven bevolken het oudste nationale park ter wereld, gesticht in 1872.

El origen volcánico de esta región se distingue por sus géiseres y fuentes termales. Bisontes, osos pardos, alces y lobos habitan el parque nacional más antiguo del mundo fundado en 1872.

L'origine vulcanica del territorio si riconosce dai suoi geyser e dalle sorgenti termali. Bisonti, grizzly, alci e lupi popolano il più antico parco nazionale del mondo, fondato nel 1872.

A origem vulcânica desta região está bem patente nos seus gêiseres e nascentes hidrotermais. O parque nacional mais antigo do planeta, criado em 1872, é habitado por bisontes, ursos-cinzentos, alces e lobos.

Områdets vulkaniska ursprung syns på dess gejsrar och heta källor. Bisonoxar, grizzlybjörnar, älgar och vargar befolkar den år 1872 grundade nationalparken, som är jordens äldsta.

Satellite: QuickBird
Acquisition Date: 2006-10-12

41

62°38.0' N / 164°52.7' W

M A F H S I T C P

AVOGON ISLAND

The mouth of the Yukon River in Alaska, one of the world's biggest river deltas, is, with its alluvial islands and streams, a retreat for waders and marine mammals.

Das Mündungsgebiet des Yukon River in Alaska, eines der weltgrößten Flussdeltas, ist mit seinen Schwemminseln und Wasserläufen Rückzugsgebiet für viele Watvögel, aber auch für Meeressäuger.

L'embouchure du fleuve Yukon, en Alaska, est l'un des plus grands deltas du monde, et est formée d'îles alluviales et de nombreux cours d'eau. C'est l'un des habitats privilégiés des échassiers et des mammifères marins.

Het mondingsgebied van de Yukon River in Alaska, een van de grootste rivierdelta's ter wereld, is met zijn drijvende eilanden en waterlopen een trekgebied voor veel watervogels, maar ook voor zeezoogdieren.

La desembocadura del río Yukon en Alaska, uno de los deltas más grandes del mundo, con sus islas de aluviones y corrientes de agua, sirve de cobijo a muchas aves palmípedas y mamíferos marinos.

La foce del fiume Yukon in Alaska, uno dei delta più grandi del mondo, caratterizzata da isole galleggianti e flussi d'acqua, è una zona di svernamento per molti uccelli trampolieri, ma anche per i mammiferi marini.

No Alasca, a foz do rio Yukon, um dos maiores deltas em todo o mundo, com as suas ilhas flutuantes e cursos de água, constitui um refúgio não só para muitas aves limícolas como também para mamíferos marinhos.

Mynningsområdet för Yukon River i Alaska, ett av världens största floddeltan, är med sina flytande öar och vattendrag hem för många vadare och också för marina däggdjur.

Satellite: QuickBird
Acquisition Date: 2006-08-20

43

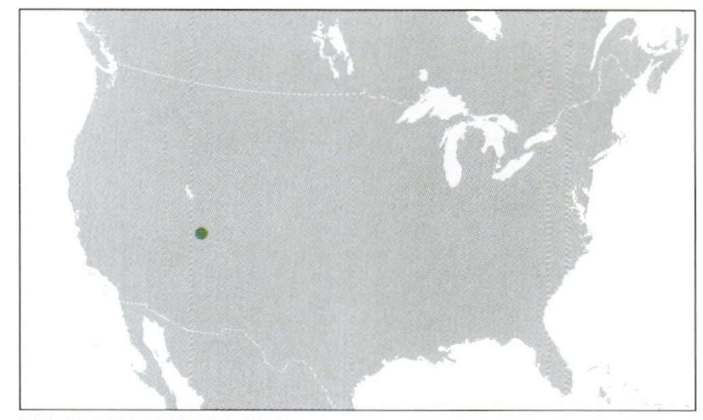

38°24.0' N / 110°58.6' W

M A F H S I T C P

CAPITOL REEF

The cliff along the Waterpocket Fold runs for more than 160 km through Capitol Reef National Park in the arid desert of southern Utah. The layering shows 200 million years of geological history.

Im trockenen Süden Utahs zieht sich über 160 km die Klippe der Waterpocket Fold durch den Capitol Reef Nationalpark. Die freigelegte Schichtung zeigt 200 Millionen Jahre Erdgeschichte.

Dans cette zone aride du sud de l'Utah, les roches formant Waterpocket Fold s'étendent sur plus de 160 km à travers le parc national de Capitol Reef. Bien visible, la stratification représente 200 millions d'années d'histoire de la Terre.

In het droge zuiden van Utah strekt de klip van Waterpocket Fold zich 160 km uit over het Capitol Reef National Park. De blootgelegde lagen laten 200 miljoen jaar geschiedenis zien.

En el árido sur de Utah se extiende el acantilado del Water-pocket Fold a lo largo del Parque Nacional Capitol Reef. La visible estratificación muestra 200 millones de años de historia de geología.

Nell'arido Utah meridionale, la faglia de Waterpocket Fold si estende per oltre i 160 km attraverso il Capitol Reef National Park. Gli strati esposti mostrano 200 milioni di anni della storia della Terra.

No árido sul de Utah, a escarpa de Waterpocket Fold estende-se ao longo de mais de 160 km, atravessando o Parque Nacional de Capitol Reef. As camadas sedimentares postas a descoberto revelam 200 milhões de anos de história da Terra.

I de torra södra delarna av Utah sträcker sig klipporna i Waterpocket Fold genom nationalparken Capitol Reef. De frilagda skikten visar 200 miljoner år av jordens historia.

Satellite: IKONOS
Acquisition Date: 2000-02-15

45

59°57.7' N / 140°16.4' W

M A F H S I T C P

MALASPINA GLACIER

Fed by several glaciers, Malaspina Glacier has an area of more than 4000 km². The glacier is located in Wrangell-St. Elias National Park on the south coast of Alaska.

Von mehreren Gletschern gespeist entfaltet sich der im Wrangell-St. Elias Nationalpark gelegene Malaspina Glacier an der Südküste Alaskas über eine Fläche von mehr als 4000 km².

Né de la réunion de plusieurs glaciers, le glacier Malaspina, situé dans le parc national Wrangell-Saint Elias, s'étend sur plus de 4000 km². Il se situe sur la côte sud de l'Alaska.

Door meerdere gletsjers gevormd, ontvouwt zich de Malaspina gletsjer, gelegen in het Wrangell-St. Elias National Park, aan de zuidkust van Alaska over een oppervlakte van ruim 4000 km².

Entre otros glaciares se despliega, junto a la costa sur de Alaska, el glaciar Malaspina situado en el Parque Nacional Wrangell-St. Elias en una superficie de más de 4000 km².

Il ghiacciaio Malaspina, alimentato da numerosi ghiacciai, si estende nel Wrangell-St. Elias National Park fino alla costa meridionale dell'Alaska su una superficie di oltre 4000 km².

Alimentado por vários glaciares, o glaciar de Malaspina, situado no Parque Nacional de Wrangell-St. Elias, no sul do Alasca, ocupa uma extensão de mais de 4000 km².

Med vatten från många glaciärer sträcker sig Malaspinaglaciären i nationalparken Wrangell-St. Elias över en yta av mer än 4000 km².

Satellite: IKONOS
Acquisition Date: 2002-08-05

49

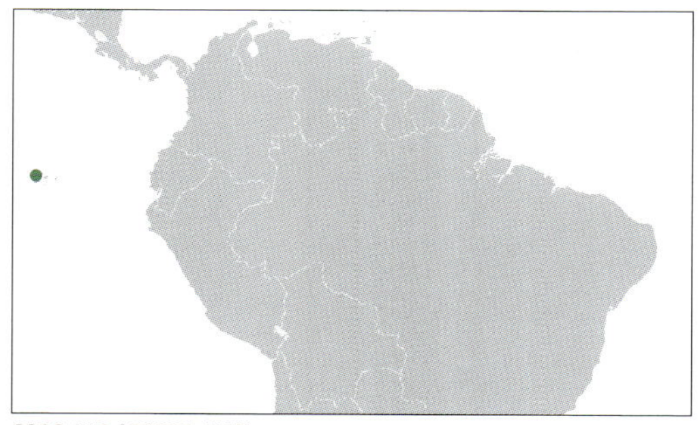

0°16.4' S / 91°21.4' W

M A F H S I T C P

GALÁPAGOS

The volcanic Galápagos Islands are in an isolated location in the Pacific. This isolation has resulted in flora and fauna unique to the islands. Especially well known are the giant tortoises and marine iguanas.

Die vulkanischen Galápagos-Inseln liegen isoliert im Pazifik. Als Folge haben sie eine sehr eigene Tier- und Pflanzenwelt. Bekannt sind etwa die Riesenschildkröten und Meeresechsen.

Les îles volcaniques des Galápagos ont surgi en plein océan Pacifique. Leur isolement a contribué à la naissance d'une faune et d'une flore uniques, comme les fameuses tortues géantes et les iguanes marins.

De vulkanische Galapagoseilanden liggen geïsoleerd in de Stille Oceaan. Hierdoor kennen zij een zeer eigen dieren- en plantenwereld. Bekend zijn de reuzenschildpadden en zeehagedissen.

Las islas volcánicas Galápagos yacen aisladas en el Pacífico. Como consecuencia, albergan una flora y fauna únicas, como los conocidos lagartos marinos y tortugas gigantes.

Le Isole Galapagos sono isole vulcaniche situate in mezzo al Pacifico. Come conseguenza dell'isolamento, queste isole sono abitate da specie animali e vegetali davvero uniche. Molto famose sono le tartarughe giganti e le iguane marine.

As ilhas Galápagos, de origem vulcânica, estão isoladas no meio do Pacífico, possuindo, consequentemente, uma fauna e flora muito próprias. São bem conhecidas, por exemplo, as tartarugas-gigantes e as iguanas-marinhas.

De vulkaniska Galapagosöarna ligger isolerade i Stilla havet. Därför har de en alldeles egen djuroch växtvärld. Jättesköldpaddorna och de marina jätteleguanerna är välkända.

Satellite: GeoEye-1
Acquisition Date: 2009-08-17

51

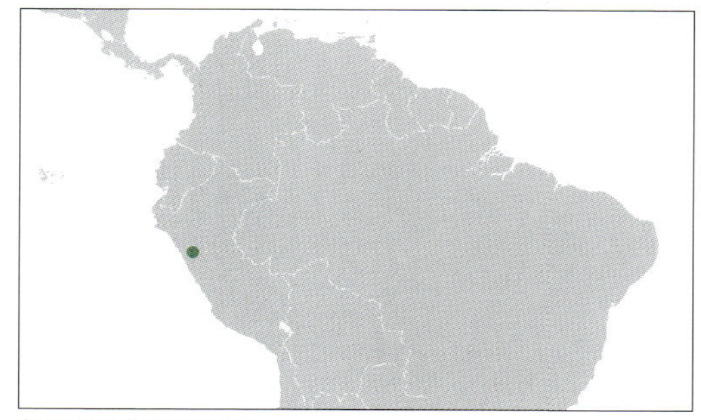

8°52.5' S / 77°38.2' W

M A F H S I T C P

ALPAMAYO

Alpamayo is one of the most beautiful mountains on the planet. Surrounded by glacial lakes, the 5947 m high mountain is part of the glacial Cordillera Blanca range, the highest section of the Andes.

Umgeben von Gletscherseen ist der 5947 m hohe Berg Teil der vergletscherten Cordillera Blanca, dem höchsten Abschnitt der Anden, und gilt als einer der schönsten Berge der Erde.

L'Alpamayo est l'une des plus belles montagnes du monde. Entouré de lacs de glaciers et s'élevant à une hauteur de 5947 m, ce sommet appartient à la Cordillera Blanca, point culminant des Andes.

Deze 5947 m hoge berg, omgeven door gletsjermeren, is onderdeel van het vergletsjerde Cordillera Blanca, het hoogste gebied van de Andes. Hij wordt gezien als een van de mooiste bergen op aarde.

Alrededor de lagos glaciales se encuentra la parte montañosa de la Cordillera Blanca glacial, a 5947 m de altura, el sector más alto de los Andes, y consta como una de las montañas más bonitas de la Tierra.

A 5947 m di altitudine, circondata da laghi di alta montagna di origine glaciale, la Cordillera Blanca, la parte più alta delle Ande, è considerata una delle più belle montagne della Terra.

Este pico de 5947 m, cercado por lagos glaciares, faz parte da Cordilheira Branca, a secção mais alta dos Andes, e é considerado como uma das montanhas mais belas da Terra.

Omgiven av glaciärsjöar är det 5947 m höga berget Teil en utlöpare till Cordillera Blanca, Andernas högsta del, och sägs vara ett av världens vackraste berg.

Satellite: QuickBird
Acquisition Date: 2003-07-16

53

44°3.8' S / 71°38.9' W

M A F H S I T C P

RÍO PICO

The autumnal colouring of the Patagonian rain forests near Lago General Vintter in Argentina makes the tree line clearly visible. The Andes are only 2000 m high in this region.

Die herbstliche Verfärbung der patagonischen Feuchtwälder nahe des Lago General Vintter in Argentinien lässt die Baumgrenze deutlich hervortreten. Die Anden sind hier nur etwa 2000 m hoch.

Les couleurs automnales des forêts humides de Patagonie, près du lac General Vintter, en Argentine, montrent clairement les limites de la zone forestière. Dans cette région, les Andes ne s'élèvent qu'à 2000 m environ.

De herfstachtige verkleuringen van de patagonische regenwouden, nabij het Lago General Vintter in Argentinië, laten de boomgrens duidelijk op de voorgrond treden. De Andes is hier slechts 2000 m hoog.

El colorido otoñal de los bosques húmedos de la Patagonia, cerca del lago General Vintter en Argentina, subrayan notoriamente los contornos de los árboles. En esta zona, los Andes solo llegan a unos 2000 m de altitud.

La colorazione autunnale della foresta umida della Patagonia nei pressi del lago General Winter in Argentina demarca con chiarezza la linea degli alberi. Qui le Ande sono alte solo circa 2000 m.

A coloração de outono das florestas úmidas da Patagónia, perto do lago General Vintter, na Argentina, faz destacar nitidamente a linha das árvores. Os Andes atingem aqui apenas os 2000 m.

Höstfärgerna i den patagoniska regnskogen nära Lago General Vintter i Argentina visar tydligt trädgränsen. Anderna är här endast 2000 m höga.

Satellite: IKONOS
Acquisition Date: 2009-04-13

55

12°30.5' S / 65°4.8' W

M A F H S I T C P

RÍO MAMORÉ

Successive changes in the course of the river have resulted in characteristic structures in its flood plain. Trees are only found on higher ground in this swampy terrain.

Sukzessive Verlagerung des Flusslaufs erzeugen charakteristische Strukturen im Schwemmland. Bäume finden sich in diesem sumpfigen Terrain nur in höher gelegenen Bereichen.

Les changements successifs du cours de cette rivière ont créé des structures particulières dans sa plaine alluviale. Les arbres ne poussent que dans la partie la plus haute de ces terres marécageuses.

Opeenvolgende verplaatsing van de loop van de rivier veroorzaakt karakteristieke structuren in het moerasland. Bomen bevinden zich in dit moerassige gebied slechts op hoger gelegen stukken.

Los cambios sucesivos en el curso del río generan características estructuras en tierras de aluviones. Los árboles de este suelo pantanoso se sitúan solo en zonas de más altura.

Il graduale spostamento del fiume è provocato dalle caratteristiche strutturali della pianura alluvionale. In questo terreno paludoso gli alberi si trovano solo nelle zone più elevate.

As sucessivas deslocações do curso do rio dão origem à formação de estruturas características nas marismas. Nestes terrenos encharcados, as árvores só surgem em zonas situadas a maior altitude.

Successiv avlagring längs flodens lopp skapar karakteristiska strukturer i svämlandet. Träd finns i denna sumpiga terräng endast i högre belägna områden.

Satellite: QuickBird
Acquisition Date: 2003-07-28

57

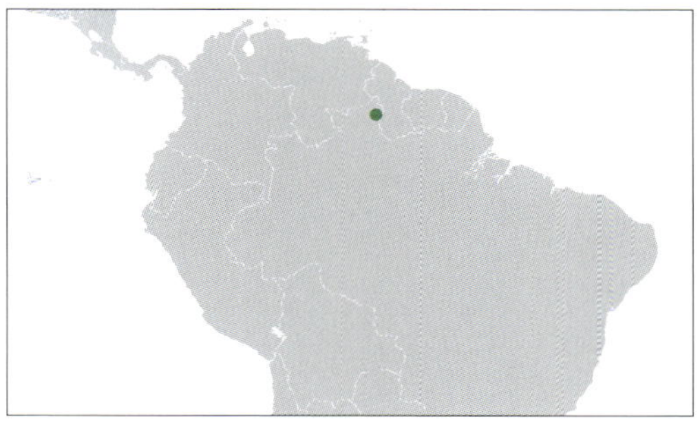

3°37.9' N / 60°17.8' W

M A F H S I T C P

SERRA DO SOL

Nutrient-poor soils in northern Brazil are responsible for the savannah landscape called cerrados. This eco-region is under threat from ever-expanding agriculture.

Im Norden Brasiliens ist nährstoffarmer Boden die Ursache für eine Savannenlandschaft, so genannte Cerrados. Diese Ökoregion steht unter dem Druck der sich ausbreitenden Landwirtschaft.

Au nord du Brésil, le sol pauvre en nutriments a donné ces paysages de savane appelés Cerrados. Cette écorégion est fortement menacée par l'expansion des zones agricoles.

In het noorden van Brazilië zorgt de schrale bodem voor een savannelandschap, de zogenaamde Cerrados. Dit gebied staat onder druk door de zich alsmaar uitbreidende landbouw.

En el norte de Brasil, el suelo oligotrófico crea un paisaje de tipo sabana llamado Cerrados. Esta eco-región se encuentra bajo la presión de una actividad agrícola extendida.

Nel nord del Brasile il terreno povero di nutrienti ha provocato la formazione di un paesaggio simile alla savana, noto come cerrados. Questa ecoregione è a rischio a causa di un'agricoltura in espansione.

No norte do Brasil, a pobreza do solo em nutrientes explica a presença de um tipo de savana designado por "cerrado". Esta ecorregião encontrase sob a forte pressão de uma agricultura em expansão.

I norra Brasilien är den näringsfattiga marken ursprunget till ett savannlandskap som kallas Cerrados. Detta ökenområde står under hot från jordbruket som brer ut sig alltmer.

Satellite: IKONOS
Acquisition Date: 2007-03-23

59

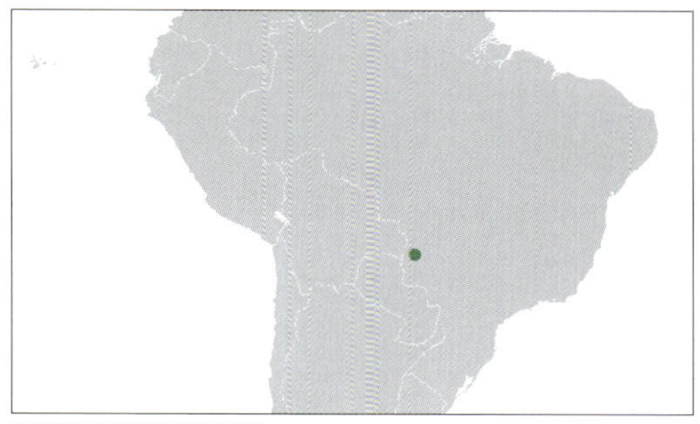

19°22.1' S / 56°50.4' W

M A F H S I T C P

PANTANAL DO RIO NEGRO

More than 650 bird species together with giant otters, jaguars and caimans make their home in the Pantanal. As one of the world's largest wetlands, it is endangered by increased agricultural usage.

Mehr als 650 Vogelarten, aber auch Riesenotter, Jaguare und Kaimane bevölkern das Pantanal. Als eines der weltgrößten Feuchtgebiete ist es durch vermehrte landwirtschaftliche Nutzung gefährdet.

Plus de 650 espèces d'oiseaux, des loutres géantes, des jaguars et des caïmans peuplent le Pantanal. Cette région, qui est l'une des plus grandes zones humides du monde, est menacée par l'agriculture intensive.

Meer dan 650 vogelsoorten, maar ook reuzenotters, jaguars en kaaimannen bevolken het Pantanal. Het is een van de grootste draslandgebieden ter wereld, dat door intensiever gebruik voor landbouw in gevaar wordt gebracht.

Más de 650 especies de pájaros, pero también rinocerontes, jaguares y caimanes habitan en este pantano. Aunque se trate de una de las regiones pantanosas más grandes del mundo, está amenazada por la creciente actividad agrícola.

Più di 650 specie di uccelli, così come lontre giganti, giaguari e caimani popolano il Pantanal. Essendo una delle aree umide più grandi al mondo è minacciata da un forte sfruttamento agricolo.

Mais de 650 espécies de aves, para além de lontras-gigantes, jaguares e caimões, povoam o Pantanal. Esta zona úmida, uma das mais extensas do globo, está ameaçada por uma utilização agrícola cada vez mais intensiva.

Mer än 650 fågelarter, men också jätteutter, jaguarer och kajmaner, befolkar Pantanal. Som en av världens största våtmarker är den utsatt för risker genom ökande jordbruksanvändning.

Satellite: GeoEye-1
Acquisition Date: 2010-08-15

61

39°55.0' S / 62°14.0' W

M A F H S I T C P

RÍO COLORADO

The tidal lands and islands at the mouth of the Río Colorado, which discharges into Argentina's Bahía Unión, provide a home for flamingos, sea lions and sea elephants.

Das Wattengebiet und die Inseln in der Mündung des Río Colorado der Bahía Unión vor der Küste Argentiniens bieten Lebensraum für Flamingos, Seelöwen und Seeelefanten.

Les vasières et les îles de l'embouchure du Rio Colorado, formant Bahia Union en Argentine, sont l'habitat naturel des flamants roses, des otaries et des éléphants de mer.

Het waddengebied en de eilanden in de monding van de Río Colorado in de Bahía Unión voor Argentinië bieden ruimte aan flamingo's, zeeleeuwen en zeeolifanten.

La tierra afectada por las mareas y la isla en la desembocadura del río Colorado de Bahía Unión (Argentina) es el hogar de flamencos, leones marinos y elefantes marinos.

Le distese fangose e le isole nella foce del Rio Colorado nella Bahía Unión di fronte all'Argentina offrono un buon habitat per fenicotteri, leoni marini ed elefanti marini.

A zona entre marés e as ilhas na foz do rio Colorado na baía União, na Argentina, constituem o habitat de flamingos, leões-marinhos e elefantes-marinhos.

Våtmarksområdet och öarna i Coloradoflodens mynning i Bahía Unión i Argentina ger livsrum för flamingos, sjölejon och sjöelefanter.

Satellite: QuickBird
Acquisition Date: 2006-02-27

63

21°32.7' S / 67°39.3' W

M A F H S I T C P

GRAN PAMPA PELADA

Located 4 200 m above sea level between the Altiplano and Atacama Desert, erosion gullies make their way through the variegated colours of barren lava and ash fields.

In 4 200 m Seehöhe am Übergang vom Altiplano zur Atacama gelegen, ziehen sich Erosionsrinnen durch unterschiedlich gefärbte kahle Lava- und Aschedecken.

À 4 200 m au-dessus du niveau de la mer, entre l'Altiplano et le désert d'Atacama, des rigoles d'érosion sillonnent les plaques de lave et les couches de cendre de différentes couleurs.

Op een hoogte van 4 200 m bij de overgang van Altiplano naar Atacama, trekken erosiegeulen door de verschillend gekleurde lagen lava en as.

A 4 200 m sobre el nivel del mar, alrededor del altiplano situado en Atacama, se extienden los cauces de erosión a través de peladas capas de lava y ceniza de una variedad de colores.

Nel passaggio dall'Altiplano verso Atacama, a 4 200 m sul livello del mare, si estendono dirupi attraverso brulli strati di lava e ceneri colorati.

A uma altitude de 4 200 m acima do nível do mar, na transição do Altiplano para o Atacama, as ravinas de erosão avançam através das camadas de lava e de cinzas, que se distinguem pelas suas cores.

På 4 200 m höjd över havet, vid övergången från Altiplano till Atacama, visar sig erosionskanaler genom olikfärgade lava- och asktäcken.

Satellite: WorldView-2
Acquisition Date: 2012-03-20

65

18°24.5' S / 63°42.5' W

M A F H S I T C P

CORDILLERA ORIENTAL

On the eastern edge of the Andes in southern Bolivia stands this rugged mountain landscape, inaccessible despite its lower altitude. Only the valley floors provide a suitable environment for forests to grow.

Am Ostrand der Anden in Südbolivien findet sich eine kleinräumig zerklüftete und trotz geringer Höhe unzugängliche Gebirgslandschaft. Nur die Talböden eignen sich hier als Standorte für Wälder.

Un massif montagneux dentelé et peu élevé prolonge le versant oriental des Andes, au sud de la Bolivie. Il reste difficilement accessible malgré sa faible altitude et les forêts ne peuvent se développer qu'au creux des vallées.

Aan de oostkant van de Andes in het zuiden van Bolivia bevindt zich een kleinschalig, gespleten berglandschap, dat ondanks zijn geringe hoogte ontoegankelijk blijft. Alleen in de dalen kunnen hier bossen groeien.

En el borde oriental de los Andes, en el sur de Bolivia, se encuentra pequeña y escarpada zona montañosa de poca altura, pero impenetrable. Solo el suelo del valle es apropiado para los bosques.

Al confine orientale delle Ande, nel sud del Bolivia, c'è un piccolo paesaggio montano aspro e inaccessibile, nonostante si trovi a bassa quota. Solo i fondovalle qui sono adatti per la crescita dei boschi.

Nos contrafortes orientais dos Andes, no sul da Bolívia, há uma região montanhosa profusamente segmentada, que, apesar das baixas altitudes, é inacessível. Aqui, as florestas só se conseguiram estabelecer no leito dos vales.

Vid Andernas östsida i södra Bolivia finns små robusta områden och ett, trots låg höjd, otillgängligt berglandskap. Endast dalens botten lämpar sig här som växtplats för skog.

Satellite: IKONOS
Acquisition Date: 2001-05-20

67

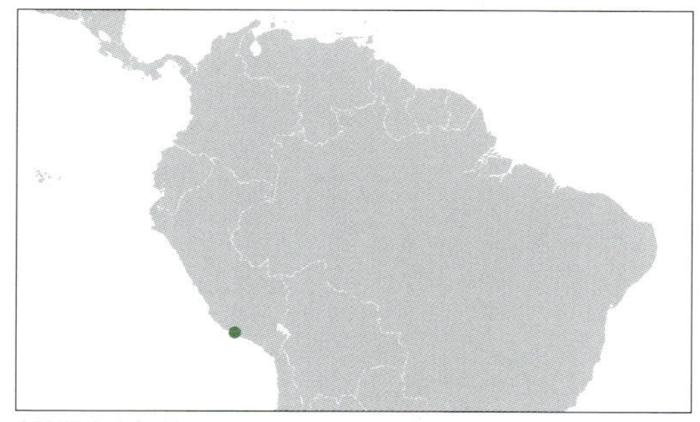

15°47.9' S / 73°49.5' W

M A F H S I T C P

CORDILLERA OCCIDENTAL

Erosion has revealed the different colours of rock layers on the western slope of the Andes in Peru. The differences between soft and craggy formations is due to the varied hardness levels in the rock.

Am Westabfall der Anden in Peru werden durch Erosion verschieden gefärbte Gesteinsschichten freigelegt. Sanftere und schroffere Geländeformen deuten auf Unterschiede in der Gesteinshärte hin.

Au Pérou, sur le versant ouest des Andes, l'érosion a fait apparaître des couches rocheuses de différentes couleurs. Les différentes structures du sol sont dues à des roches plus ou moins dures.

Aan de westkant van de Andes in Peru werden door erosie verschillend gekleurde steenlagen blootgelegd. Zachtere en ruwere gedeeltes duiden op verscheidenheid in hardheid van het gesteente.

En la cara oculta de la zona oriental de los Andes peruanos se descubren estratos rocosos de colores variados. Terrenos suaves y abruptos señalan las diferencias de dureza de roca.

A ovest delle Ande in Perù diversi strati di roccia colorati vengono alla luce a causa dell'erosione. Terreni più aspri o più agevoli suggeriscono differenze di durezza della roccia.

Nas encostas ocidentais dos Andes, no Peru, a erosão pôs a descoberto diversos estratos rochosos de diferentes cores. As formas mais suaves ou mais abruptas do terreno refletem diferenças na dureza das rochas.

På Andernas västsida i Peru friläggs olikfärgade stenlager genom erosion. Mjukare och grövre, liggande former visar på skillnader i stenens hårdhet.

Satellite: GeoEye-1
Acquisition Date: 2009-11-02

69

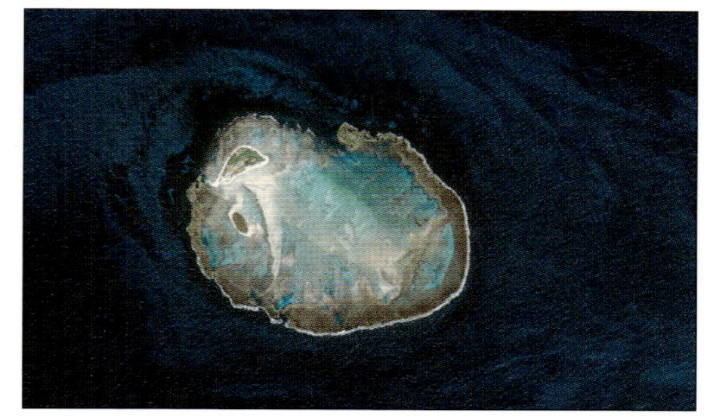

3°51.9' S / 33°48.4' W

M A F H S I T C P

ATOL DAS ROCAS

Near the Equator off the South Atlantic coast of Brazil, this atoll, formed by corals and coloured by algae, provides a refuge for numerous aquatic animals, including tortoises and dolphins.

Nahe dem Äquator im Südatlantik vor Brasilien gelegen, ist das von Korallen gebildete und von Algen gefärbte Atoll Lebensraum für zahlreiche Meerestiere, wie Schildkröten und Delphine.

Cet atoll de corail et d'algues multicolores se trouve près de l'Équateur, face aux côtes atlantiques sud du Brésil. Il abrite de nombreux animaux marins, notamment des tortues et des dauphins.

Nabij de evenaar in het zuiden van de Atlantische Oceaan biedt een door koralen opgebouwd en door algen gekleurd atol levensruimte voor een groot aantal zeedieren zoals schildpadden en dolfijnen.

Cerca del Ecuador, en el sur del Atlántico y situado delante de Brasil, se encuentra el atolón formado de corales y colorido por las algas, el hogar de gran cantidad de animales marinos, como tortugas y delfines.

Vicino all'equatore, nell' Atlantico meridionale, al largo delle coste brasiliane si trova un atollo formato da coralli e dipinto dai colori delle alghe, habitat ideale di numerose creature marine come tartarughe e delfini.

No sul do Atlântico, frente à costa do Brasil, este atol formado por corais e colorido pelas algas é o habitat de numerosos animais marinhos, como tartarugas e golfinhos.

Nära ekvatorn i Sydatlanten utanför Brasilien ligger atollen, som är bildad av koraller och färgad av alger och som är livsrum för talrika havsdjur, som sköldpaddor och delfiner.

Satellite: IKONOS
Acquisition Date: 2002-08-05

71

17°51.6' S / 69°29.9' W

M A F H S I T C P

CERRO DE COLORES

The north Chilean Lauca National Park is home to vicuñas, llamas, flamingos and condors. The picturesque colouring of the rock formations is a result of the region's volcanic activity.

Im Nationalpark Lauca in Nordchile leben Vicuñas, Lamas, Flamingos und Kondore. Die pittoreske Färbung der Gesteine ist eine Folge vulkanischen Aktivitäten in diesem Gebiet.

Des vigognes, des lamas, des flamants roses et des condors vivent dans le parc national de Lauca au nord du Chili. Les couleurs particulières de ces formations rocheuses sont dues à la forte activité volcanique de la région.

In Nationaal Park Lauca in het noorden van Chili leven vicuña's, lama's, flamingo's en condors. De pittoreske kleuren van het gesteente zijn het gevolg van vulkanische activiteit in dit gebied.

En el Parque Nacional Lauca situado en el norte de Chile viven vicuñas, llamas, flamencos y cóndores. El pintoresco colorido de las rocas se debe a la actividad volcánica de esta región.

Nel Parco Nazionale Lauca nel nord del Cile vivono vigogne, lama, fenicotteri e condor. La colorazione pittoresca delle rocce è il risultato dell'attività vulcanica di questa zona.

No Parque Nacional de Lauca, no norte do Chile, vivem vicunhas, lamas, flamingos e condores. As cores pitorescas das rochas são consequência da atividade vulcânica na região.

I nationalparken Lauca i norra Chile lever vicuñas, lamor, flamingos och kondorer. Stenarnas pittoreska färger kommer sig av den vulkaniska aktiviteten i detta område.

Satellite: QuickBird
Acquisition Date: 2004-04-20

73

18°27.5' S / 59°16.7' W

M A F H S I T C P

SERRANÍAS DE SANTIAGO

Tropical savannahs and dry forests flourish on the lower levels of the gently rising sandstone plateau, which ends with cliffs overlooking the Llanos de Chiquitos to the north.

Tropische Savannen und Trockenwälder gedeihen auf dem Untergrund der sanft ansteigender und nach Norden in einer Klippe zu den Llanos de Chiquitos abfallenden Sandsteinplatte.

Ces plateaux de grès en pente douce portent les savanes et les forêts sèches tropicales qui s'y développent aisément. Au nord, ces plateaux culminent en falaises dominant les Llanos de Chiquitos.

Tropische savanne en wouden gedijen op de ondergrond die licht naar het noorden oploopt en vervolgens in een klip naar het Llanos de Chiquitos zandplateau afdaalt.

Las sabanas tropicales y bosques secos crecen en el subsuelo de las ligeramente empinadas placas de piedras arenosas, desprendidas hacia el norte, en un acantilado de Llanos de Chiquitos.

Savane tropicali e aride foreste crescono sulla superficie di una lastra di pietra arenaria che sale dolcemente, inclinandosi a nord su una scogliera verso Llanos de Chiquitos.

As savanas e florestas secas tropicais prosperam sobre a placa de arenito, que sobe suavemente em direção ao norte, para ir terminar numa escarpa sobre os Llanos de Chiquitos.

Tropiska savanner och torra skogar frodas nedan-för den sakta stigande och mot norr klippigare sandstensplatån Llanos de Chiquitos.

Satellite: QuickBird
Acquisition Date: 2007-05-31

75

49°56.5' S / 73°16.8' W

M A F H S I T C P

GLACIAR UPSALA

Starting in the Patagonia Cordilleras, the Upsala Glacier ends at Lago Argentino. The structure and colour of the glacier show that it is retreating.

Von den Patagonischen Cordilleren kommend mündet der Glaciar Upsala in den Lago Argentino. Die Struktur und die Farbe des Gletschers zeigen, dass er sich auf dem Rückzug befindet.

Le glacier Upsala naît dans la cordillère de Patagonie et se jette dans le Lago Argentino. La structure et la couleur du glacier montrent qu'il est en train de se rétracter.

Vanuit het Patagonische Cordillera mondt de Upsala gletsjer uit in het Lago Argentino. De structuur en kleur van de gletsjer laten zien dat hij met zijn retourgang bezig is.

Desde las cordilleras de la Patagonia, el glaciar Upsala acaba en el lago Argentino. La estructura y el color de los glaciares muestran que se encuentra en un lugar retirado.

Dalla Cordigliera patagonica il ghiacciaio Upsala porta fino al Lago Argentino. La particolare struttura e il colore del ghiacciaio mostrano che si trova in stato di contrazione.

Vindo das cordilheiras da Patagónia, o glaciar Upsala desemboca no lago Argentino. A estrutura e a cor do glaciar revelam que ele está a recuar.

Glaciären Upsala kommer från de patagoniska Cordillererna och mynnar i Lago Argentino. Strukturen och färgerna hos glaciären visar att den befinner sig på tillbakagång.

Satellite: QuickBird
Acquisition Date: 2003-05-12

77

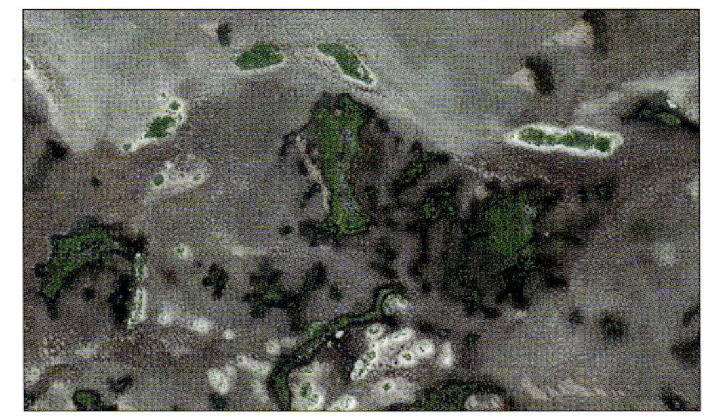

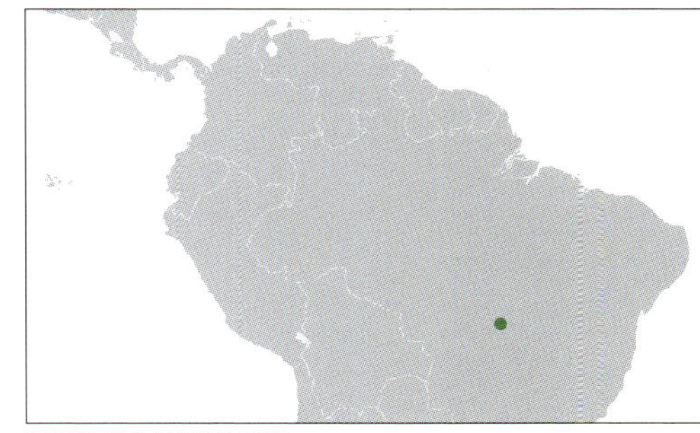

14°38.9' S / 51°26.3' W

M A F H S I T C P

RIO CURIXÃO

The swampy landscape on the eastern edge of the Mato Grosso in Brazil is home to many species of birds, including macaws and toucans. Ever-increasing agriculture is endangering the natural environment here.

Die Sumpflandschaft am Ostrand des Mato Grosso in Brasilien beheimatet viele Vogelarten, darunter Aras und Tukane. Gefährdet ist die Natur hier durch zunehmende landwirtschaftliche Erschließung.

Les paysages marécageux de l'est du Mato Grosso, au Brésil, abritent de nombreuses espèces d'oiseaux, notamment des aras et des toucans. Dans cette région, le développement de l'activité agricole est une menace pour l'environnement naturel.

Het moeraslandschap aan de oostrand van het Mato Grosso in Brazilië biedt leefruimte aan veel vogelsoorten waaronder ara's en toekans. Door toenemende landbouw is de natuur hier in gevaar.

El paisaje montañoso del borde oriental del Mato Grosso en Brasil alberga muchas especies de aves, como aras y tucanes. La naturaleza de este lugar está amenazada por la creciente explotación agrícola.

Le paludi sul bordo orientale del Mato Grosso in Brasile accolgono molte specie di uccelli, tra cui pappagalli e tucani. La natura qui è a rischio a causa dell'aumento dello sviluppo agricolo.

A região pantanosa na orla oriental de Mato Grosso, no Brasil, abriga numerosas especies de aves, entre as quais se contam araras e tucanos. A natureza está aqui a ser ameaçada pelo crescente arroteamento para fins agrícolas.

Sumplandskapet på östra sidan av Mato Grosso i Brasilien är hem för många fågelarter, bland annat aror och tukaner. Marken är här utsatt för fara på grund av ökande användning som jordbruksmark.

Satellite: QuickBird
Acquisition Date: 2006-01-15

79

26°17.8' S / 68°35.5' W

M A F H S I T C P

LAGUNA BRAVA

Vicuñas and flamingos are at home in this region 4 200 m above sea level and near the Sierra Nevada volcano. The landscape is marked by saltwater lakes around the Laguna Brava, whose shore is white from its salty crust.

Vicuñas und Flamingos bevölkern das Gebiet der in 4 200 m Höhe nahe dem Vulkan Sierra Nevada gelegenen Salzseen um die Laguna Brava, deren Ufer von der Salzkruste weiß gefärbt ist.

Les vigognes et les flamants roses vivent à 4200 m d'altitude près du volcan de la Sierra Nevada. Les rives des lacs salés entourant la Laguna Brava doivent leur couleur blanche à la croûte de sel qui s'y forme.

Vicuña's en flamingo's bevolken het gebied nabij de vulkaan Sierra Nevada van het op 4 200 m gelegen zoutwatermeer bij de Laguna Brava, waarvan de oevers door de zoutkorsten wit zijn gekleurd.

Las vicuñas y los flamencos habitan en esta región, situada cerca del volcán de Sierra Nevada, en el lago salado de Laguna Brava, con orillas blanqueadas por la sal.

Vigogne e fenicotteri abitano l'area di 4 200 m di altezza vicino al vulcano Sierra Nevada in cui si trovano laghi salati intorno alla Laguna Brava. Queste spiagge devono la colorazione biancastra alla presenza di una crosta di sale.

Vicunhas e flamingos povoam a região dos lagos salgados situada a 4 200 m, perto do vulcão de Sierra Nevada e em volta da Laguna Brava, cujas margens se apresentam brancas devido a uma crosta de sal.

Vicuñas och flamingos befolkar området med salta sjöar kring Laguna Brava, som ligger på 4 200 m höjd, nära vulkanen Sierra Nevada, vars sluttningar är vita av kristalliserat salt.

Satellite: IKONOS
Acquisition Date: 2008-05-05 & 2008-12-16

81

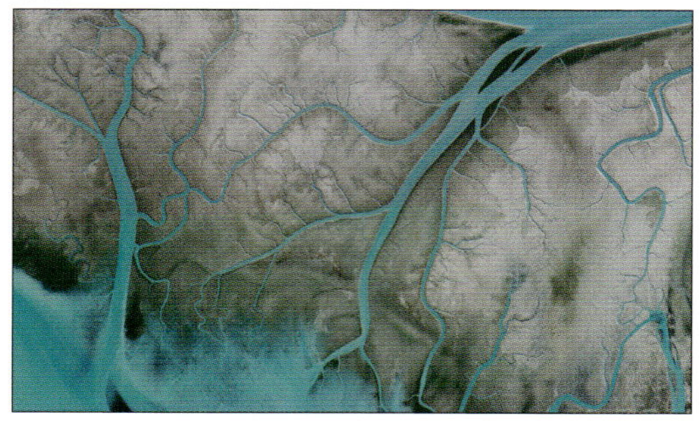

39°5.1' S / 62°8.0' W

M A F H S I T C P

ISLA TRINIDAD

Bright mudflats are revealed, in the Bahía Blanca Nature Reserve on the Patagonian Atlantic Coast, showing the many rivulets draining into the sea.

Helle Schlickflächen liegen im Naturreservat Bahía Blanca an der patagonischen Atlantikküste frei. Deutlich tritt damit das fein verzweigte Muster der Abflusskanäle zu Tage.

Les bancs de vase claire de la réserve naturelle de Bahia Blanca, sur la côte atlantique de la Patagonie, laissent clairement apparaître le très fin réseau des canaux d'écoulement.

Lichte slijkvlaktes liggen vrij in het natuurreservaat Bahía Blanca aan de Atlantische kust in Patagonië. Daarmee komt duidelijk het fijn vertakte patroon van de afvloeiingskanalen voor de dag.

En la reserva natural de Bahía Blanca, en la costa atlántica de Patagonia, se observan marismas de color claro que evidencian numerosos arroyos que van a dar al mar.

Nella riserva naturale di Bahía Blanca è possibile vedere chiari banchi di limo vicino alla costa atlantica della Patagonia. Inoltre, è chiaramente visibile il modello di canali di drenaggio finemente ramificato.

Na reserva natural de Bahía Blanca, na costa atlântica da Patagónia, observam-se lodaçais de cor clara. Através deles evidencia-se nitidamente o padrão ramificado dos canais de descarga.

Ljusa slipytor ligger fria i naturreservatet Bahía Blanca på den patagoniska Atlantkusten. Dräneringskanalernas fint förgrenade mönster framträ der därför tydligt.

Satellite: GeoEye-1
Acquisition Date: 2009-08-07

83

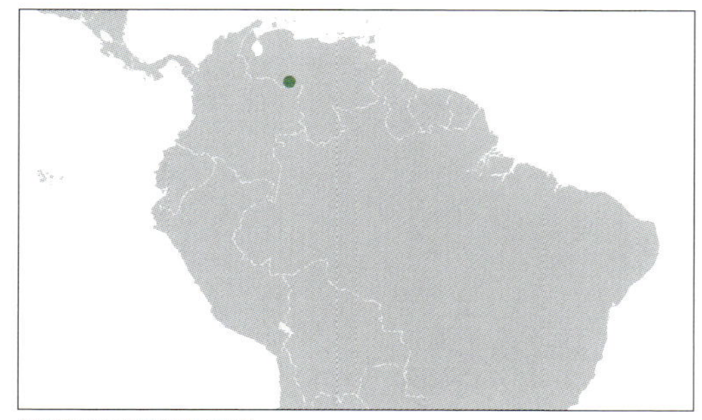

6°37.5' N / 68°35.0' W

M A F H S I T C P

LLANOS DEL ORINOCO

Venezuela's Apure is marked with 30 000 km^2 of sand dunes, some of which are still shifting. In between, grasslands and forests have taken root.

Im venezolanischen Apure ist die Landschaft durch ein über 30 000 km^2 ausgedehntes Dünenfeld geprägt. Teils noch mobile Dünen wechseln sich mit Grasflächen und Wäldern ab.

D'immenses dunes forment les paysages de l'Apure, au Venezuela, et s'étendent sur plus de 30 000 km^2. Ces dunes mobiles contrastent avec des forêts et des surfaces herbeuses.

In de Venezolaanse Apure is het landschap gevormd door een duinenveld dat zich uitstrekt over meer dan 30 000 km^2. Ten dele nog bewegelijke duinen worden afgewisseld door grasvlaktes en bossen.

En la región venezolana de Apura, el paisaje se caracteriza por una vasta extensión de dunas de más de 30 000 km^2. Las dunas aún móviles se alternan con superficies de hierba y bosques.

Nell'Apure venezuelano il paesaggio è dominato da un campo di dune di una vastità superiore ai 30 000 km^2. Alcune dune mobili sono intervallate da praterie e foreste.

No estado venezuelano de Apure, a paisagem é marcada por um campo de dunas com mais de 30 000 km^2. As dunas, parte das quais ainda migratórias, alternam com pastos e florestas.

I Apure i Venezuela präglas landskapet av ett över 30 000 km^2 stort dynfält. Delvis rörliga dyner blandar sig med gräsytor och skogar.

Satellite: QuickBird
Acquisition Date: 2003-12-13

85

26°28.5' S / 68°8.5' W

M A F H S I T C P

CERRO PEINADO

In the most volcanically active region in the Andes on the southern edge of Atacama is this inhospitable landscape reaching beyond 5 700 m above sea level and covered with volcanic cones and ash fields.

In der vulkanisch aktivsten Region der Anden, am Südrand der Atacama, findet sich eine unwirtliche Landschaft, die in Höhen bis über 5 700 m reicht und durch Vulkankegel und Lavadecken geprägt ist.

Ce paysage inhospitalier s'étend à une altitude de plus de 5 700 m, dans l'une des régions volcaniques les plus actives des Andes, sur le versant sud de l'Atacama. Il se caractérise par des champs de lave et des cônes volcaniques.

In de vulkanisch meest actieve regio van de Andes, aan de zuidrand van de Atacama, bevindt zich een onherbergzaam landschap dat tot een hoogte van 5 700 m reikt en door vulkaankegels en lavalagen gevormd is.

En la región de actividad volcánica activa de los Andes, en el borde sur de Atacama, se observa un paisaje inhóspito que puede sobrepasar los 5 700 m de altitud y se caracteriza por conos volcánicos y capas de lava.

Nella regione con più attività vulcanica delle Ande, al confine meridionale con Atacama, si trova un paesaggio inospitale, che sale in altezza fino a raggiungere gli oltre 5 700 m. Questo paesaggio è dominato da coni vulcanici e lava.

Na região com maior atividade vulcânica dos Andes, na orla sul do Atacama, existe uma região inóspita, com altitudes acima de 5 700 m, ponteada de cones vulcânicos e mantos de lava.

I det mest vulkaniskt aktiva området i Anderna, vid södra änden av Atacama, finns ett ogästvänligt landskap som når höjder på upp till 5 700 m och som präglas av vulkaniska kåglor och lavatäcken.

Satellite: WorldView-2
Acquisition Date: 2012-05-21

89

45°53.3' N / 6°55.0' E

M A F H S I T C P

MER DE GLACE

This glacier flowing from the Mont Blanc Massif towards Chamonix has characteristic ogives caused by the melting of newer ice and depicting annual rings.

Der vom Mont Blanc-Massiv Richtung Chamonix fließende Gletscher zeigt charakteristische Querstreifen (Ogiven), die durch Abschmelzen jüngeren Eises entstehen und Jahresringen entsprechen.

Le glacier qui s'écoule du Mont-Blanc vers Chamonix est strié de crevasses transversales (les ogives), qui se forment lors de la fonte des glaces les plus récentes et correspondent à des « anneaux » de croissance.

De vanaf het Mont Blanc-massief richting Chamonix stromende gletsjer laat karakteristieke dwarsstrepen (Ogiven) zien die door het smelten van jonger ijs zijn ontstaan en jaarringen beduiden.

El glaciar que fluye desde el macizo del Mont Blanc hasta Chamonix muestra unas características rayas transversales (Ojivas), las cuales se forman cuando se funden placas recientes de hielo y crean anillos anuales.

Il ghiacciaio del massiccio del Monte Bianco che scorre verso Chamonix mostra caratteristiche strisce (ad ogiva). Causate dallo scioglimento dei ghiacci più giovani, queste corrispondono agli anelli di crescita.

O glaciar, que desliza do maciço do Monte Branco em direção a Chamonix, apresenta riscas transversais caraterísticas (ogivas), formadas devido ao derretimento do gelo mais recente e que correspondem a anéis anuais.

Mont Blanc-massivets flytande glaciär i riktning mot Chamonix visar karakteristiska horisontella ränder ("ogiver"), som uppstår genom att yngre is smälter och bildar årsringar.

Satellite: GeoEye-1
Acquisition Date: 2009-08-13

91

43°26.8' N / 4°32.6' E

M A F H S I T C P

CAMARGUE

Lying west of the mouth of the Rhone, which opens into the Mediterranean, this extensive marsh landscape marked with pools of brackish water is especially well known for its wild, white horses.

Die Camargue liegt westlich der Rhone-Mündung am Mittelmeer. Die ausgedehnte, von Brackwasserteichen durchsetzte Marschlandschaft ist vor allem durch die hier wild lebenden weißen Pferde bekannt.

La Camargue se situe à l'ouest de l'embouchure du Rhône, au bord de la mer Méditerranée. Cette zone de marécages et d'étangs d'eau saumâtre est surtout connue pour ses chevaux blancs.

De Camargue ligt aan de westelijke Rhônemonding aan de Middellandse Zee. Het uitgebreide, met brak water doorspekte moeraslandschap is met name bekend door de hier in het wild levende witte paarden.

Camarga se encuentra al oeste de la desembocadura del Ródano al mar Mediterráneo. Su prolongación, las tierras pantanosas mezcladas con estanques de agua salobre, es popular ante todo por sus caballos blancos salvajes en libertad.

La Camargue si trova a ovest della foce del fiume Rodano sul Mediterraneo. La palude, intervallata da vaste pozze d'acqua salmastra, è molto nota per essere l'habitat di cavalli bianchi selvaggi.

A Camarga está situada a oeste da foz do Ródano no Mediterrâneo. Esta vasta zona de marismas, atravessada por numerosos e pequenos lagos de água salobra, é conhecida pelos cavalos brancos que ali vivem no estado selvagem.

Camargue ligger väster om Rhonemynningen vid Medelhavet. Det utsträckta marsklandskapet, som är genomkorsat av bräckvatten, är framför allt känt för sina vita vildhästar.

Satellite: GeoEye-1
Acquisition Date: 2010-09-20

93

44°47.1' N / 29°30.3' E

M A F H S I T C P

DELTA DUNĂRII

The Danube flows into the Black Sea in what is the second largest delta in Europe. The marshy grass is home to numerous species of flora and fauna.

Das Mündungsgebiet der Donau am Schwarzen Meer ist das zweitgrößte Delta Europas. Es bietet als weltgrößtes zusammenhängendes Schilfrohrgebiet Lebensraum für zahlreiche Tier- und Pflanzenarten.

L'estuaire du Danube, au bord de la mer Noire, forme le deuxième plus grand delta d'Europe. Cette zone marécageuse abrite de nombreuses espèces animales et végétales.

Het mondingsgebied van de Donau in de Zwarte Zee is de op een na grootste delta van Europa. Het biedt als grootste samenhangend rietgebied levensruimte voor veel dieren- en plantensoorten.

La región de la desembocadura del Danubio al mar Negro es el segundo delta más grande de Europa. Es la mayor zona continua de juncos del mundo y por ello alberga gran cantidad de especies de animales y plantas.

L'estuario del Danubio sul Mar Nero è il secondo delta più grande d'Europa. È la più grande area palustre al mondo, habitat naturale per molte specie di animali e vegetali.

A zona da foz do Danúbio, no mar Negro, constitui o segundo maior delta da Europa. Existe aqui a maior extensão contínua de caniçais do mundo, proporcionando um habitat para numerosas espécies animais e vegetais.

Donaus mynningsområde i Svarta havet är det näst största deltat i Europa. Det är världens största sammanhängande vassområde och erbjuder livsrum för talrika djur- och växtarter.

Satellite: GeoEye-1
Acquisition Date: 2010-03-18

95

65°34.8' N / 16°31.3' W

M A F H S I T C P

NORÐURLAND EYSTRA

Iceland was formed by the tectonic activity of the Mid-Atlantic underwater mountain range. The island is noted for its continued volcanic activity, including geysers, tuff circles and cinder cones.

Island verdankt seine Entstehung der tektonischen Aktivität des mittelatlantischen Rückens. Nach wie vor prägt Vulkanismus mit Geysiren, Tuffringen und Schlackenkegeln das Erscheinungsbild der Insel.

L'Islande est née de l'activité tectonique tout au long de la dorsale médio-atlantique. L'activité volcanique est encore très forte sur l'île, comme le montrent les geysers, les anneaux de tuf et les cônes de cendre.

Island dankt zijn ontstaan aan de tektonische activiteit van de mid-atlantische rug. Zoals eerder laten vulkanisme, geisers, kraterringen en lavakegels het ontstaan van dit eiland zien.

Islandia le debe su origen al movimiento de las placas tectónicas de la cordillera mesoatlántica. Igual que antes, los volcanes con géiseres, anillos de toba volcánica y conos de ceniza forman la imagen de la isla.

L'Islanda deve la sua esistenza all'attività tettonica della dorsale medio-atlantica. Come sempre, il vulcanismo determina con i suoi geyser, anelli di tufo e coni di cenere l'aspetto dell'isola.

A Islândia deve a sua formação à atividade tectônica da Dorsal Mesoatlântica. Tal como no passado, a imagem da ilha é caracterizada pelo vulcanismo, com os seus gêiseres, anéis de tufos vulcânicos e cones de escórias.

Island har den mellanatlantiska ryggens tektoniska aktivitet att tacka för sin existens. Öns utseende präglas framför allt av vulkanisk aktivitet, med gejsrar, lavaformationer och slaggkäglor.

Satellite: GeoEye-1
Acquisition Date: 2009-09-05

97

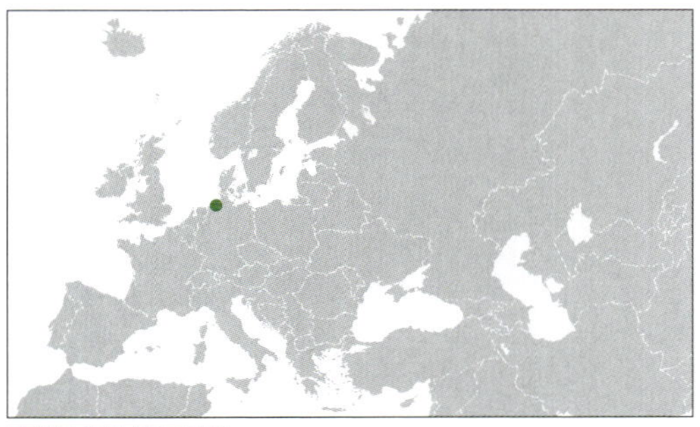

53°43.5' N / 8°9.6' E

M A F H S I T C P

MELLUM

The extremely flat sandbar in the Wattenmeer National Park was formed by the tides just before 1900. It has since become an important breeding ground for seabirds.

Die sehr flache Düneninsel im Nationalpark Wattenmeer wurde erst kurz vor 1900 durch die Gezeiten gebildet. Seitdem hat sie sich zu einem wichtigen Brutgebiet für Seevögel entwickelt.

Ce sont les marées qui ont donné forme à cette île de dunes plates du parc national de Wattenmee, peu avant 1900. Depuis, l'île abrite les oiseaux en période de nidification.

Het zeer vlakke Duineiland in het Nationaal Park Waddenzee is pas kort voor 1900 door de getijden ontstaan. Sindsdien heeft het zich tot een belangrijk broedgebied voor zeevogels ontwikkeld.

La uniforme isla de dunas del Parque Nacional de la zona Intermareal se formó poco antes de 1900 debido a las mareas. Desde entonces, ha servido como un importante lugar de reproducción para las aves marinas.

La piattissima isola di dune nel Parco Nazionale Wattenmeer si è formata poco prima del 1900 grazie alle maree. Da allora è diventata un'importante zona di nidificazione per gli uccelli marini.

A ilha de dunas extremamente plana, existente no Parque Natural de Wattenmeer, foi formada pelas marés um pouco antes de 1900. Desde então, transformou-se numa importante área de nidificação para muitas aves marinhas.

Den mycket låglänta ön av sanddyner i nationalparken Wattenmeer bildades av tidvattnet så sent som strax före 1900. Sedan dess har den utvecklats till en mycket viktig häckningsplats för havsfåglar.

Satellite: QuickBird
Acquisition Date: 2009-05-13

99

47°5.0' N / 12°42.5' W

M A F H S I T C P

GROSSGLOCKNER

At 3 798 m, the Grossglockner in Austria is an important peak in the Alps. The Pasterze Glacier flowing down from it is the longest glacier in the eastern Alps and is under considerable threat due to global warming.

Mit der Höhe von 3 798 m ist der Großglockner in Österreich ein wichtiger Alpengipfel. Die von ihm ausgehende Pasterze ist als längster Gletscher der Ostalpen besonders vom Gletscherrückgang betroffen.

S'élevant à 3 798 m, le Grossglockner est l'un des plus hauts sommets alpins d'Autriche. Le Pasterze, qui naît sur ses pentes, est le plus long glacier des Alpes orientales, mais aussi l'un des plus menacés par le réchauffement climatique.

Met een hoogte van 3 798 m is de Großglockner in Oostenrijk een belangrijke piek in de Alpen. De Pasterze, die vanaf deze berg stroomt, is als langste gletsjer in het oosten van de Alpen ernstig door gletsjerteruggang getroffen.

Con una altura de 3 798 m, el Großglockner en Austria es uno de los picos más importantes de los Alpes. El Pasterze, que empieza a partir de este pico, es considerado, especialmente ante la retracción de glaciares, el glaciar más largo de los Alpes orientales.

Con i suoi 3 798 m di altitudine, il Grossglockner in Austria è un importante vetta alpina. Il Pasterze, che si trova sulle sue vette, è il più lungo ghiacciaio delle Alpi orientali colpito dal ritiro dei ghiacciai.

O Grossglockner, na Áustria, com os seus 3 798 m, é um dos picos mais importantes dos Alpes. Dele parte o Pasterze, o glaciar mais longo dos Alpes orientais, fortemente afetado pelo recuo glaciar.

Med sina 3 798 meters höjd är Großglockner i Österrike en viktig alptopp. Glaciären Pasterze, som utgår därifrån, är östra Alpernas längsta glaciär och på mycket kraftig tillbakagång.

Satellite: IKONOS
Acquisition Date: 2011-08-22

101

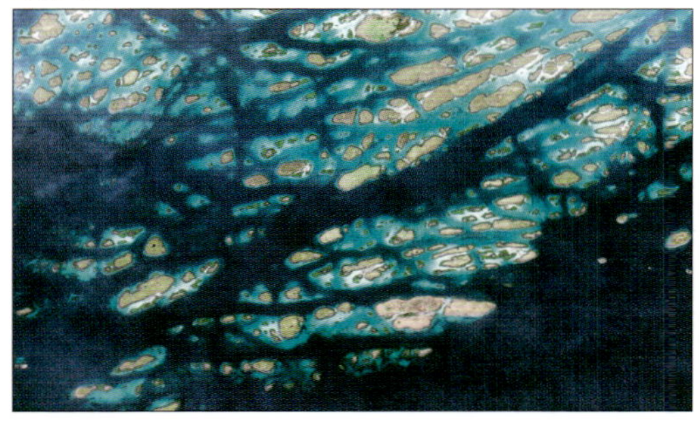

65°48.0' N / 12°7.1' E

M A F H S I T C P

VEGAØYAN

The Vega archipelago off the Norwegian coast is made up of skerry islands whose cliffs have been softened over time. Eiderdown has been collected here for centuries.

Der Vega-Archipel vor der norwegischen Küste besteht aus den in der Eiszeit abgerundeten Felsen der Schäreninseln. Über Jahrhunderte haben Menschen hier Eiderdaunen gesammelt.

L'archipel de Vega, au large des côtes norvégiennes, est un ensemble d'îlots rocheux (skjaer) arrondis lors de l'ère glaciaire. La récolte du duvet d'eider s'est pratiquée ici pendant des siècles.

De Vega-archipel voor de kust van Noorwegen bestaat uit de in de ijstijd ontstane rotsen van de eilandengroep. Al honderden jaren verzamelen mensen hier het dons van de eidereenden.

El archipiélago Vega frente a la costa noruega consta de las rocas redondeadas de la edad glacial del archipiélago. Durante siglos, se han recolectado plumones en esta región.

L'Arcipelago Vega al largo della costa della Norvegia è costituito da rocce arrotondatesi durante la glaciazione dell'arcipelago. Per secoli la gente qui ha raccolto le piume di edredone per fare i piumini.

O arquipélago de Vega, frente à costa norueguesa, é constituído por escolhos arredondados devido à erosão durante a era glaciar. Há séculos que as pessoas vêm aqui apanhar penas de êider para os edredões.

Vegaarkipelagen utanför den norska kusten består av klippöar och skär som bildades under istiden. Under århundraden har människor samlat ejderdun här.

Satellite: WorldView-2
Acquisition Date: 2012-05-27

103

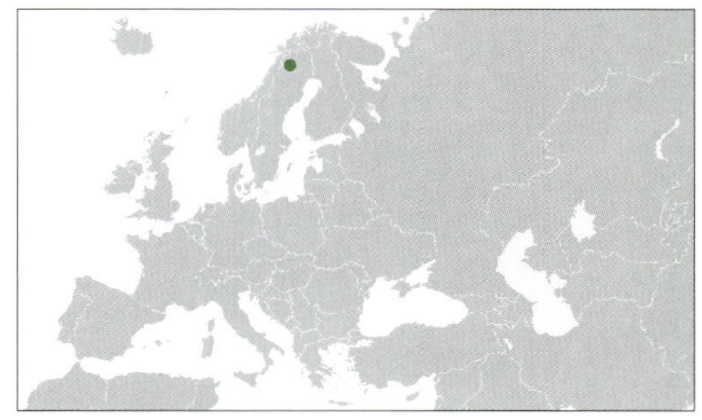

67°8.2' N / 18°13.2' E

M A F H S I T C P

SAREK

Called the "last remaining wilderness in Europe", Sarek National Park lies north of the Arctic Circle in Sweden. It is home to numerous elk, bears and arctic foxes.

Als „letzte Wildnis Europas" bezeichnet, liegt der Sarek-Nationalpark nördlich des Polarkreises in Schweden. Hier leben zahlreiche Elche, aber auch Bären und Polarfüchse.

Considéré comme « la dernière région désertique d'Europe », le parc national de Sarek se situe en Suède, au nord du cercle polaire arctique. Il abrite de nombreux élans, ours et renards polaires.

Als „laatste wildernis van Europa" aangemerkt, ligt het Sarek Nationaal Park noordelijk van de poolcirkel in Zweden. Hier leven veel elanden, maar ook beren en poolvossen.

Designado «el último lugar salvaje de Europa», el Parque Nacional Sarek está situado al norte del Círculo Polar en Suecia. Aquí viven numerosos alces, pero también osos y zorros polares.

Definito «l'ultima frontiera selvaggia d'Europa», il Parco Nazionale di Sarek si trova a nord del Circolo Polare Artico in Svezia ed è l'habitat di molti alci, orsi e volpi artiche.

O Parque Nacional de Sarek, conhecido como a "última região selvagem da Europa", está situado a norte do círculo polar, na Suécia. Vivem aqui numerosos alces, mas também ursos e raposas-do-ártico.

Som "Europas sista vildmark" ligger Sareks nationalpark norr om polcirkeln i Sverige. Här bor mängder av älgar, men också björn och fjällräv.

Satellite: GeoEye-1
Acquisition Date: 2010-06-28

105

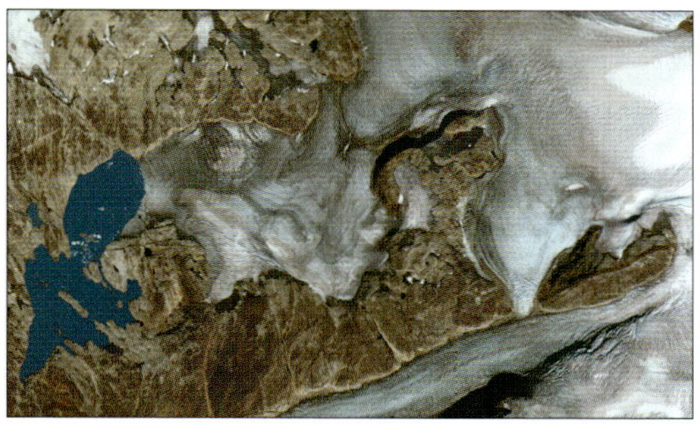

63°48.0' N / 50°48.3' W

M A F H S I T C P

KANGERLUARSORUSEQ

On the edge of the Greenland ice sheet, retreating glaciers are leaving behind tiny lakes in the eroded cliffs. Vegetation is only slowly taking hold of this new living space.

Am Rand des grönländischen Eisschilds lassen schwindende Gletscher kleine Seen auf den abgeschliffenen Felsen zurück. Nur langsam erobert Vegetation den neuen Lebensraum.

Aux confins de la calotte glaciaire du Groenland, les glaciers se retirent et laissent apparaître derrière eux des petits lacs qui se forment sur les roches érodées. La végétation ne conquiert que très lentement ces nouveaux espaces.

Aan de rand van de Groenlandse ijskap laat de terugtrekkende gletsjer kleine meren achter op de afgesleten rotsen. Slechts langzaam herovert de vegetatie dit nieuwe leefgebied.

Al borde de las señales glaciales de Groenlandia, los glaciares que han vuelto a su lugar dejan paso para que los lagos pequeños se posen en las rocas talladas. Lentamente, la vegetación va conquistando este nuevo terreno.

Ai margini della calotta glaciale della Groenlandia, il ghiacciaio che si ritira lascia dietro di sé piccoli laghi glaciali sulla roccia levigata. Solo la vegetazione riesce lentamente a riconquistare il suo habitat.

Nas margens do manto de gelo da Groenlândia, os glaciares em recuo deixam pequenos lagos sobre os rochedos erodidos. Só muito lentamente é que a vegetação vai conquistando este novo habitat.

På randen till den grönländska isskölden släpper tillbakagående glaciärer ifrån sig små sjöar på de sluttande klipporna. Endast långsamt erövrar vegetationen sitt nya livsrum.

Satellite: GeoEye-1
Acquisition Date: 2010-08-20

107

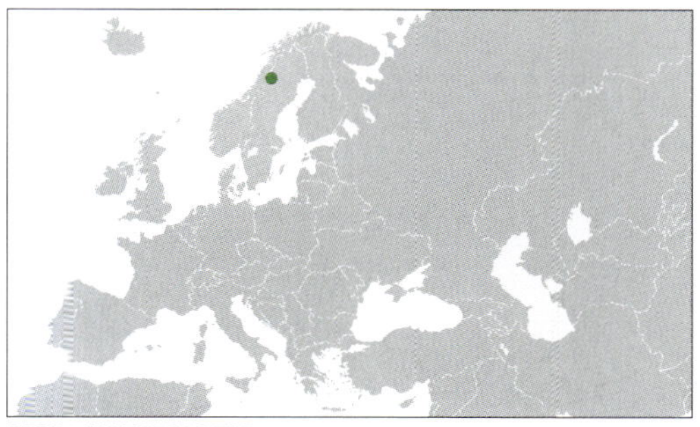

65°41.5' N / 15°39.7' E

M A F H S I T C P

BALLEREN

Surrounding the lake in the Swedish Vindelsfjällens Nature Reserve are moors with birch and spruce forests that are home to elk, brown bears and the endangered lesser white-fronted goose.

Um den See im schwedischen Vindelfjällens-Naturreservat breiten sich Moore mit Birken- und Fichtenwäldchen aus. Sie bieten Elchen, Braunbären und der gefährdeten Zwerggans Lebensraum.

Des marais et des forêts de bouleaux et d'épicéas entourent la réserve naturelle de Vindelfjällen, en Suède. Ces forêts sont le repaire des élans, des ours bruns et des oies naines en voie de disparition.

Om het meer in het Zweedse Vindelfjällens-Natuurreservaat breiden zich veenmoerassen met berken- en sparrenbossen uit. Ze bieden leefruimte aan elanden, bruine beren en de met uitsterven bedreigde dwergganS.

En torno al lago de la reserva natural sueca Vindelfjällens, se extienden pantanos y abedules, además de bosques de abeto rojo, hogar de alces, osos pardos y gansos enanos.

Intorno al lago nella riserva naturale svedese di Vindelfjällens ci sono molte paludi, betulle e abeti rossi della foresta, che ospitano alci e orsi bruni, e costituiscono un habitat naturale per l'oca nana in pericolo di estinzione.

Na reserva natural sueca de Vindelfjällen estendem-se pauis com pequenos bosques de bétulas e píceas, que constituem o habitat do alce, do urso-pardo e do ameaçado ganso-pequeno.

Vid havet i det svenska naturreservatet Vindelfjällen breder hedar med björk- och granskog ut sig. Där lever älg, brunbjörn och den utrotningshotade fjällgåsen.

Satellite: WorldView-2
Acquisition Date: 2011-09-18

111

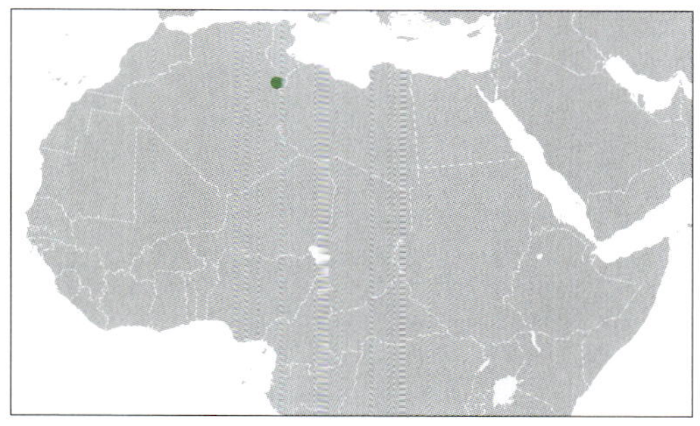

30°43.8' N / 9°0.3' E

M A F H S I T C P

GRAND ERG ORIENTAL

The constantly shifting winds are responsible for the formation of the complex dune formations found in Grand Erg Oriental in Tunisia. Despite the winds, the dunes largely do not move.

Die ständig wechselnde Windrichtung ist für die Ausbildung von komplexen Dünen im Östlichen Großen Erg in Tunesien verantwortlich. Die großen Dünen bleiben weitgehend am selben Ort.

Ces formations complexes de dunes, dans le Grand Erg oriental tunisien, changent constamment, en fonction de la direction du vent. Les plus grandes dunes résistent aux vents et ne se déplacent pas.

De steeds wisselende windrichting is verantwoordelijk voor de ontwikkeling van het complexe duingebied in de grote oostelijke Erg in Tunesië. De grote duinen blijven voornamelijk op dezelfde plek.

El constante viento cambiante es el responsable de la formación de complejas dunas en El Gran Erg Oriental de Túnez. La mayoría de las grandes dunas permanecen en el mismo lugar.

La direzione mutevole del vento è responsabile della formazione di dune complesse nel Grande Erg Orientale in Tunisia. Le grandi dune rimangono ferme nello stesso luogo.

A direção do vento, em constante mudança, é responsável pela formação de dunas complexas no Grande Erg Oriental, na Tunísia. As grandes dunas permanecem frequentemente no mesmo local.

Bildandet av de komplexa sanddynerna i östra Großen Erg i Tunisien beror på att vinden ständigt ändrar riktning. De stora dynerna stannar huvudsakligen på samma plats.

Satellite: GeoEye-1
Acquisition Date: 2012-01-24

113

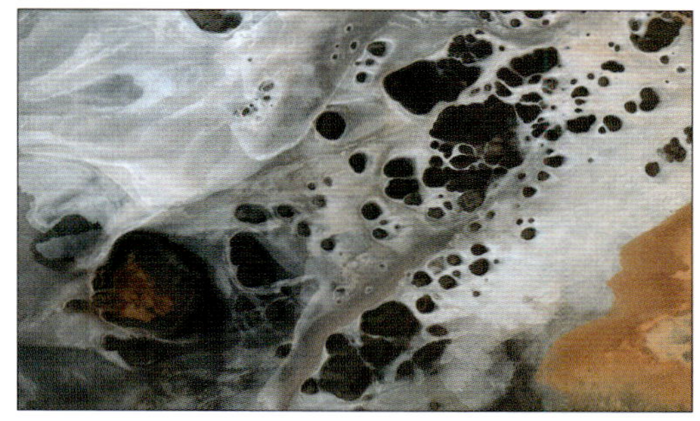

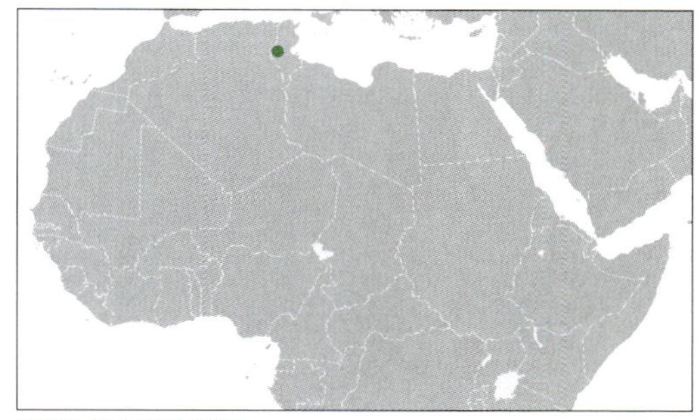

33°52.6' N / 8°30.8' E

M A F H S I T C P

CHOTT EL JERID

With 7 000 km² area, Chott El Jerid is the largest saltwater lake in the Sahara. In the summer, almost all of the water evaporates from the flat lakebed with no outlet, leaving behind salt flats.

Mit 7 000 km² Fläche ist der Chott El Jerid der größte Salzsee der Sahara. In der flachen, abflusslosen Senke verdunstet im Sommer fast alles Wasser und lässt eine Salztonebene zurück.

Avec une superficie de 7 000 km², le Chott El Jerid est le plus grand lac salé du Sahara. En été, presque toute son eau s'évapore de cette dépression fermée et laisse la place à des salines.

Met een oppervlak van 7 000 km² is Chott El Jerid het grootste zoutmeer van de Sahara. In de ondiepe kom zonder afvoer verdampt 's zomers bijna al het water. Wat overblijft is een grote zoutvlakte.

Con 7 000 km² de superficie, el Chott El Jerid es el lago salado más grande del Sáhara. En la cerrada depresión uniforme se evapora en verano casi toda el agua y deja paso a una llanura de arcilla salada.

Con i suoi 7 000 km² il Chott El Jerid è il lago salato più grande del Sahara. Nell'avvallamento piatto e senza sbocchi, durante l'estate evapora quasi tutta l'acqua, lasciando dietro di sé le saline.

Com uma superfície de 7 000 km², o Chott El Jerid é o maior lago salgado do Sara. Durante o verão, praticamente toda a água contida na depressão quase plana e sem escoamento se evapora, dando origem a uma planície salgada.

Med 7 000 km² yta är Chott El Jerid Saharas största saltsjö. I de flacka sänkorna, som inte har någon avrinning, dunstar på sommaren nästan allt vatten bort och lämnar kvar en hinna av salt.

Satellite: GeoEye-1
Acquisition Date: 2012-05-10

115

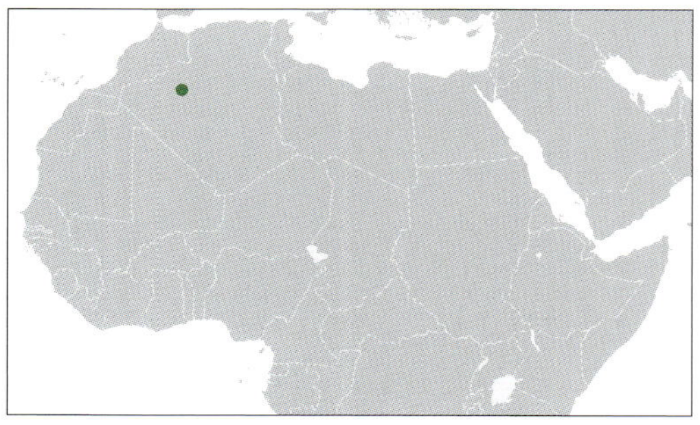

29°20.4' N / 1°38.7' W

M A F H S I T C P

DJEBEL DJUB ET TIR

On the western edge of the Grand Erg Occidental, the almost plantless Djebel Djub et Tir clearly shows the results of mountain folding and erosion.

Am Westrand des Großen Westlichen Ergs gelegen, zeigt der fast vegetationslose Djebel Djub et Tir die Ergebnisse von Gebirgsfaltung und Erosion besonders deutlich.

Sur le versant ouest du Grand Erg occidental, pratiquement dépourvu de végétation, le Djebel Djub et Tir montre clairement les résultats des plissements montagneux et de l'érosion.

Aan de westrand van de grote westelijke Sahara laat de bijna vegetatieloze Djebel Djub et Tir de gevolgen van gebergtevorming en erosie zeer duidelijk zien.

En el borde oeste de El Gran Erg Occidental, el casi árido Djebel Djub et Tir hace especialmente evidente el resultado del plegamiento de montañas y erosión.

Situato sul margine occidentale dei Grandi Erg Occidentali, il Jebel et Djub Tir mostra evidenti le conseguenze dell'erosione montana che è la causa della sua quasi totale mancanza di vegetazione.

Na orla ocidental do Grande Erg Ocidental, o Djebel Djub et Tir, praticamente desprovido de vegetação, mostra bem o resultado de uma dobra geológica e da erosão.

På västra sidan av Großen Westlichen Ergs syns resultatet av vittrande berg och erosion särskilt tydligt i den nästan vegetationslösa Djebel Djub et Tir.

Satellite: WorldView-2
Acquisition Date: 2012-02-19

117

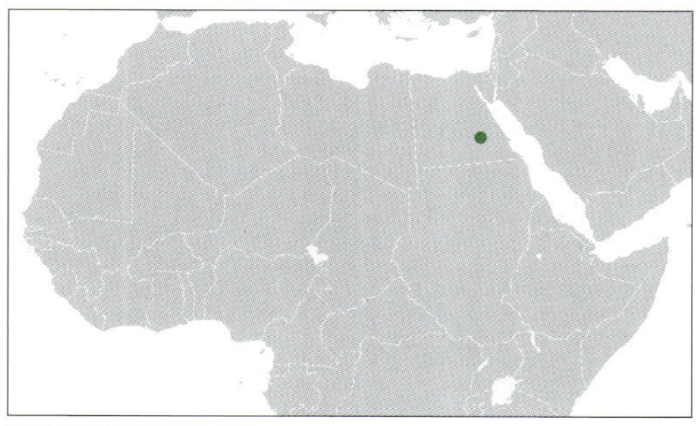

24°33.7' N / 32°21.6' E

M A F H S I T C P

LIBYAN DESERT

The Nile valley in Egypt is protected from the desert to the west by a bluff in Aswan. These cliffs, worn away by the winds, are marked with old wadis filled with desert sand.

Das ägyptische Niltal wird bei Assuan von einer Klippe gegen die Wüste im Westen abgeschlossen. Durch diese vom Wind abgeschliffenen Felsen ziehen sich alte, mit Wüstensand gefüllte Wadis.

Après la ville d'Assouan, en Égypte, la vallée du Nil est entourée de falaises qui la protègent du désert. Ces roches sont sillonnées d'anciens oueds, recouverts des sables du désert.

Het Egyptische Nijldal werd bij Assuan door een klip van de woestijn in het westen afgesloten. Tussen deze door wind afgesleten rotsen leiden oude, met woestijnzand gevulde rivierdalen.

El valle del Nilo, en Egipto, termina cerca de Assuan con un acantilado que se impone a los desiertos de la zona occidental. En este acantilado, las rocas talladas por el viento se apegan a viejos lechos de ríos secos repletos de arena de los desiertos.

La Valle del Nilo in Egitto è stata divisa dalla città di Assuan dal deserto a ovest grazie a una scogliera. Attraverso le rocce erose dal vento si allungano i vecchi Wadi (letti del torrente) pieni di sabbia del deserto.

Perto de Assuão, no Egito, o vale do Nilo é separado do deserto a Oeste por uma parede rochosa. Através destes rochedos polidos pelo vento, arrastam-se velhos uádis cheios de areia do deserto.

Nildalen i Egypten avgränsas från öknen i väster av ett bergsmassiv vid Assuan. Genom dessa klippor, som slipas av vinden, visar sig gamla wadier, fyllda med ökensand.

Satellite: GeoEye-1
Acquisition Date: 2010-08-09

119

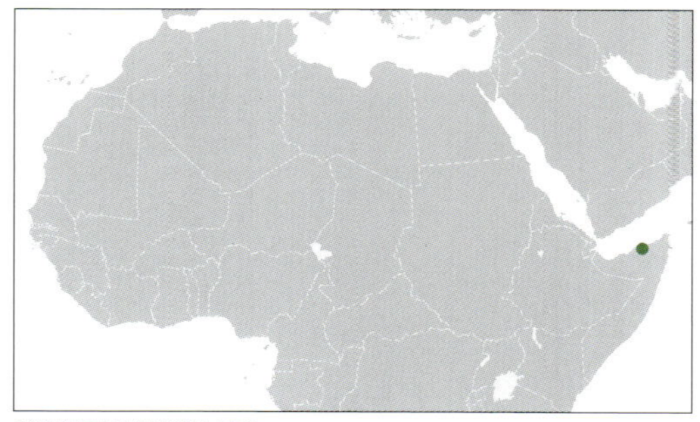

10°55.7' N / 48°11.7' E

M A F H S I T C P

BUURAHA CAL MADOW

In the Somali mountains along the Gulf of Aden, rivers have revealed a series of rock formations. The arid environment south of the main ridge makes this especially clear.

In der somalischen Bergkette entlang des Golfs von Aden haben Flüsse eine Abfolge von Gesteinsschichten freigelegt. Die Trockenheit südlich des Hauptkamms lässt diese besonders hervortreten.

Les cours d'eau ont fait apparaître de nombreuses formations rocheuses dans les chaînes montagneuses somaliennes qui bordent le golfe d'Aden. Le climat très sec au sud de la crête principale les met clairement en évidence.

In de Somalische bergketen langs de Golf van Aden hebben rivieren een reeks gesteentelagen blootgelegd. Door de droogte ten zuiden van de hoofdkam is dit bijzonder goed te zien.

En la cordillera montañosa somalí, a lo largo del golfo de Aden, los ríos han desescombrado una sucesión de estratos rocosos. La sequía al sur de la cresta mayor permite observarla con especial notoriedad.

Sulle montagne somale lungo il Golfo di Aden i fiumi hanno scoperto una serie di strati di roccia. La siccità a sud della cresta principale fa risaltare questa caratteristica.

Na cadeia montanhosa Somali, ao longo do golfo de Aden, os rios puseram a nu uma sequência de estratos rochosos. A secura a sul da crista principal fálos sobressair de modo particular.

I den somaliska bergskedjan längs Adengolfen har floderna frilagt rader av stenlager. Torkan söder om de huvudsakliga topparna gör att de framträder särskilt tydligt.

Satellite: GeoEye-1
Acquisition Date: 2010-11-08

121

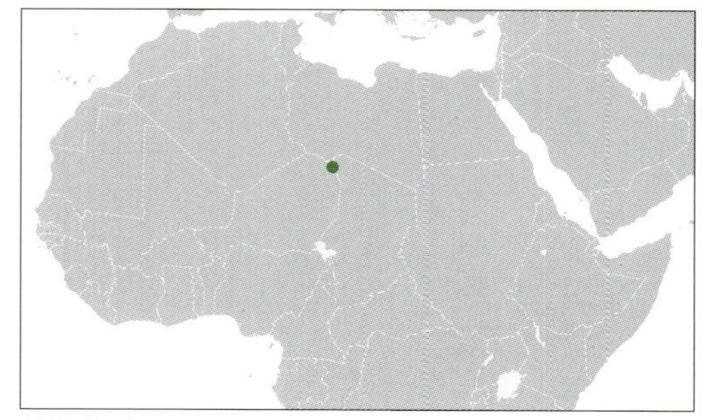

22°6.3' N / 14°55.5' E

M A F H S I T C P

PLATEAU DU TCHIGAÏ

In the north-western foothills of the Tibesti mountains in Niger, north-easterly winds constantly blow forming dunes, which can extend up to 30 km in length, known as Seif dunes (seif being the Arabic word for sword).

Auf den nordwestlichen Ausläufern des Tibesti-Gebirges in Niger herrschen stabile Winde aus Nordost vor. Diese erzeugen bis zu 30 km lange Längsdünen, auch Seif-Dünen genannt (arabisch für Schwert).

Les vents stables du nord-est soufflent constamment sur les contreforts nord-ouest du massif du Tibesti, au Niger. Ils dessinent des massifs de dunes longitudinales pouvant mesurer jusqu'à 30 km de long, que l'on appelle parfois « dunes saïf » (du mot arabe « épée »).

Op de noordwestelijke uitlopers van het Tibesti gebergte in Niger overheerst de stabiele wind uit het noordoosten waardoor lengteduinen tot 30 km lang ontstaan, ook wel Seifduinen genoemd (Arabisch voor zwaard).

En las estribaciones noroccidentales de las montañas Tibesti en Níger predominan los vientos fuertes que generan dunas longitudinales de hasta 30 km de largo, también llamadas dunas Seif («espada» en árabe).

Sulle propaggini nordoccidentali dei monti Tibesti in Nigeria predominano i venti stabili da nord-est. Questi generano fino a 30 km di dune longitudinali chiamate anche dune Seif (spada in arabo).

Nos contrafortes noroeste da montanha de Tibesti, no Níger, predominam os ventos estáveis de nordeste. A eles se deve a formação de dunas longitudinais que atingem os 30 km de comprimento, também designadas por dunas seif (árabe: "espada").

På de nordvästliga utlöparna av Tibestibergen i Niger härskar stabila vindar från nordost. De skapar upp till 30 km långa, längsgående dyner, som även kallas "seif"-dyner (arab. svärd).

Satellite: GeoEye-1
Acquisition Date: 2011-08-14

123

11°27.1' N / 16°3.6' W

M A F H S I T C P

ILHA DAS GALINHAS

The biosphere reserve located in the Bissago Archipelago off the coast of Guinea-Bissau is marked with mangrove forests and saltwater swamps, home to sea turtles and hippos.

Die Insel des Biosphärenreservats des Bissago-Archipels vor Guinea-Bissau ist von Mangrovenwäldern und Salzwassersümpfen geprägt, in denen Meeresschildkröten und Nilpferde heimisch sind.

Faisant face aux côtes de la Guinée-Bissau, la réserve de biosphère de l'archipel des Bissagos est composée de forêts de mangrove et de marais salants où vivent des tortues de mer et des hippopotames.

Het eiland van het biosfeerreservaat van de Bissago-archipel voor Guinea-Bissau maakt indruk met zijn mangrovebossen en zoutwatermoerassen waar zeeschildpadden en nijlpaarden zich thuis voelen.

La isla de la reserva de biosfera del archipiélago Bissago, enfrente de Guinea-Bissau, se caracteriza por sus manglares y sus pantanos de agua salada, en los cuales se esconden tortugas marinas e hipopótamos.

L'isola della Riserva della Biosfera dell'arcipelago di Bijagos nella Guinea Bissau è ricca di boschi di mangrovie e paludi salmastre dove tartarughe marine e ippopotami hanno la loro dimora.

As ilhas da Reserva da Biosfera do arquipélago dos Bijagós, frente à Guiné-Bissau, são dominadas por mangais e pântanos salgados, onde tartarugas-marinhas e hipopótamos se sentem em casa.

Öarna i Bissagoarkipelagen i biosfärreservatet utanför Guinea-Bissau är täckta av mangroveskogar och saltvattensumpmarker, där havssköldpaddor och flodhästar lever.

Satellite: GeoEye-1
Acquisition Date: 2011-11-24

125

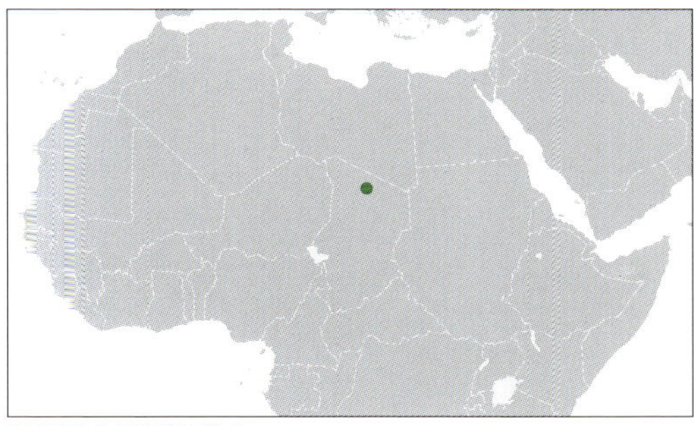

20°4.3' N / 19°30.1' E

M A F H S I T C P

GUÉRÉ

Northerly winds spread sand from the Libyan Desert east of the Tibesti in Chad, filling wadis with sand dunes. The dry, hot environment is home to very little vegetation.

Wind aus nördlicher Richtung verfrachtet Sand der Libyschen Wüste östlich des Tibesti im Tschad und füllt dadurch Wadis mit Sanddünen. Die trockene, heiße Umgebung lässt kaum Vegetation zu.

Les vents du nord apportent des quantités de sable du désert de Libye vers l'est du Tibesti, au Tchad, et remplissent les oueds de dunes de sable. Cet environnement sec et chaud est très peu propice à la végétation.

In de Wadi as-Sahba Wind uit noordelijke richting verplaatst zand uit de Libische woestijn ten oosten van Tibesti in Tsjaad en vult rivierbedden met zandduinen. De droge, hete omgeving laat nauwelijks vegetatie toe.

El viento del norte escupe arena de los desiertos libaneses al este de Tibesti en Chad y llena de arena de las dunas los lechos de ríos secos. La vegetación es prácticamente inexistente debido a un entorno seco y cálido.

Il vento che da nord trasporta sabbia del deserto libico a est del Tibesti in Ciad riempie i wadi (letti dei torrenti) di dune di sabbia. L'ambiente caldo e asciutto può essere ostile per la vegetazione.

Os ventos do norte transportam as areias do deserto líbio a leste do Tibesti, no Chade, enchendo os uádis com dunas de areia. O ambiente quente e seco praticamente não permite qualquer vegetação.

Nordanvinden för med sig sand från den libyska öknen till Tibesti i Tchad och fyller på så sätt wadier med sanddyner. Den torra, heta omgivningen tillåter knappt någon vegetation.

Satellite: QuickBird
Acquisition Date: 2006-10-01

127

2°50.2' N / 35°41.1' E

M A F H S I T C P

TURKANA

West of Lake Turkana in Kenya, easily eroded sedimentary rock forms a barren savannah landscape. Trees and shrubs here grow almost exclusively near the rivers.

Westlich des Turkanasees in Kenya bildet leicht erodierendes Sedimentgestein die Grundlage für eine karge Savanne. Bäume und Sträucher wachsen hier fast ausschließlich neben den Flussläufen.

À l'Ouest du lac Turkana, au Kenya, les roches sédimentaires érodées ont permis à une savane aride de se développer. Les arbres et les buissons ne poussent que près des cours d'eau.

Westelijk van het Turkanameer in Kenia vormt licht geërodeerd gesteente de grondlaag voor een karige savanne. Bomen en struiken groeien hier bijna uitsluitend onder de rivierlopen.

Al oeste del lago Turkana en Kenia, la ligera roca de sedimento erosionada constituye la base de una sabana pobre. Los árboles y arbustos crecen aquí casi exclusivamente al lado de las corrientes del río.

A ovest del lago Turkana, in Kenya, le rocce sedimentarie leggermente erose hanno creato le basi per una savana sterile. Alberi e arbusti crescono infatti quasi sempre accanto ai fiumi.

A oeste do lago Turkana, no Quénia, as rochas sedimentares ligeiramente erodidas constituem o substrato para uma exígua savana. As árvores e arbustos crescem aqui, quase exclusivamente junto ao curso dos rios.

Väster om Turkanasjön i Kenya bildar lätt eroderande sedimentära bergarter grunden för en karg savann. Träd och buskar växer här nästan uteslutande nära flodernas lopp.

Satellite GeoEye-1
Acquisition Date: 2009-06-06

129

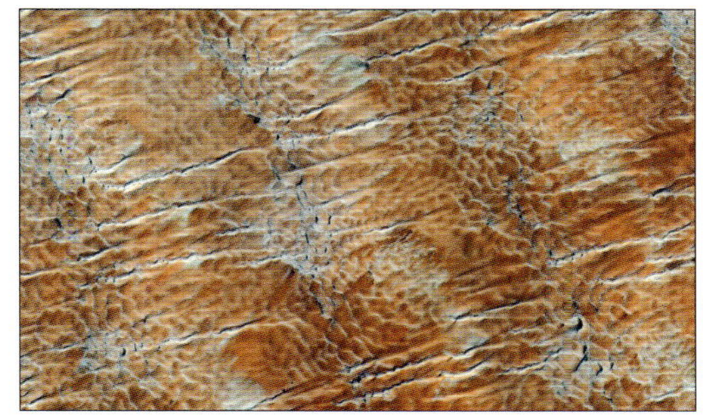

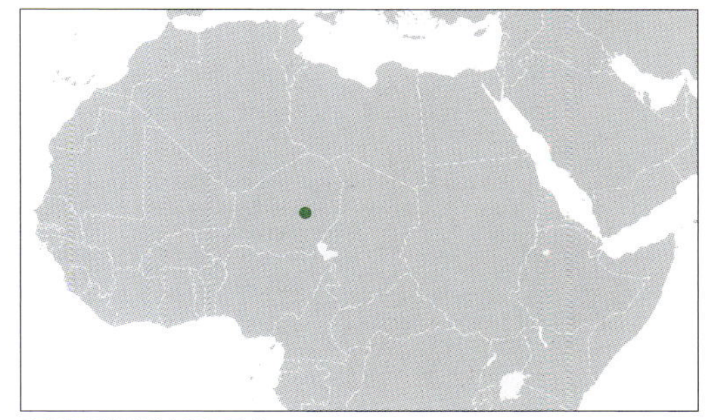

17°26.1' N / 11°50.7' E

M A F H S I T C P

ERG DU TÉNÉRÉ

Different sand dune structures are interwoven near the Aïr and Ténéré Nature Reserve. What was once an area with abundant water is now an arid desert.

Nahe dem Naturschutzgebiet Aïr und Ténéré überlagern einander unterschiedliche Dünenstrukturen. Das früher wasserreiche Gebiet weist nun ausgeprägt trockenes Wüstenklima auf.

Des massifs de dunes de formes différentes se chevauchent dans cette région proche de la réserve naturelle de l'Aïr et du Ténéré. Autrefois riche en eau, la région se caractérise aujourd'hui par un climat désertique.

Vlakbij het beschermde natuurgebied Aïr en Ténéré overlappen verschillende duinstructuren elkaar. Het eens zo waterrijke gebied laat nu nadrukkelijk een droog woestijnklimaat zien.

Cerca de la reserva natural Aïr y Ténéré, distintas estructuras de dunas se superponen entre ellas. Esta región, que antiguamente rebosaba de agua, presenta hoy en día un acentuado clima desértico.

Nei pressi della Riserva naturale di Aïr e Ténéré si sovrappongono tipi di dune diverse tra loro. La regione, un tempo ricca di acqua, è ora caratterizzata dal clima secco del deserto.

Perto da Reserva Natural de Aïr e Ténére, sobrepõem-se vários tipos de estruturas dunares. Esta região, outrora rica em água, apresenta agora um clima acentuadamente seco e desértico.

Nära naturskyddsområdet Aïr och Ténéré täcker olika dynstrukturer varandra. Det tidigare vattenrika området har nu utpräglat torrt ökenklimat.

Satellite: IKONOS
Acquisition Date: 2007-03-29

131

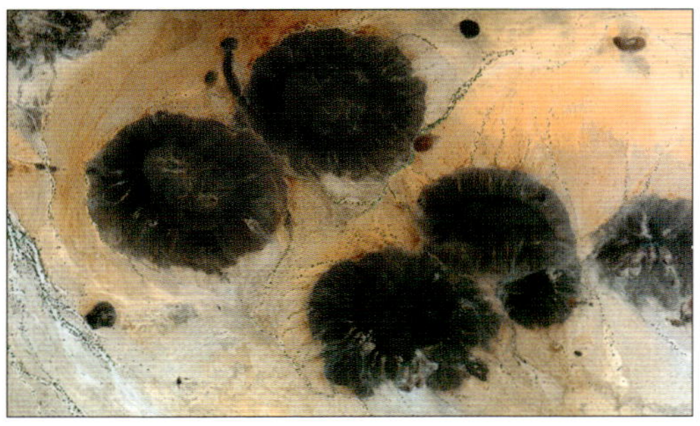

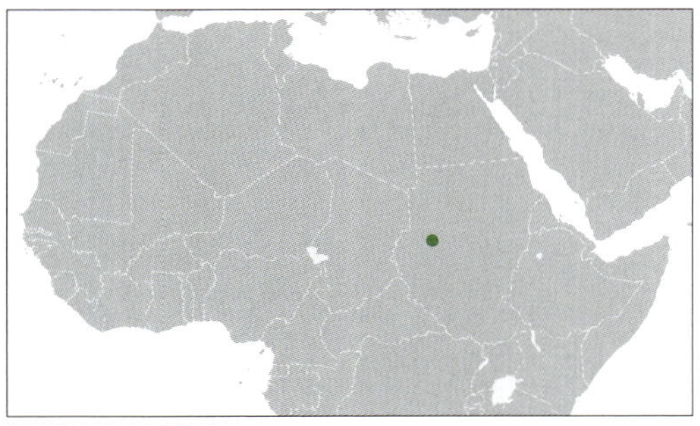

14°41.6' N / 26°7.2' E

M A F H S I T C P

JABAL TELJO

The dark basalt floors of old volcanoes in western Sudan are harder than the surrounding stone and thus are more resistant to erosion. Minimal precipitation results in a barren landscape.

Die dunklen Basaltstöcke alter Vulkane im Westsudan sind härter als das Umgebungsgestein und widerstehen daher der Erosion besser. Geringe Niederschläge erlauben eine nur karge Vegetation.

Ces massifs de basalte noir, souvenirs d'anciens volcans de l'ouest du Soudan, sont plus durs que les autres roches alentours et résistent mieux à l'érosion. Les faibles précipitations ne permettent qu'à une rare végétation de pousser dans cette région.

De donkere basaltblokken van oude vulkanen in het westen van Sudan zijn harder dan het gesteente in de omgeving en weerstaan erosie daardoor beter. Door de geringe neerslag is slechts karige vegetatie mogelijk.

Las oscuras plantas de basalto de antiguos volcanes en el oeste de Sudán son más duras que las rocas de los alrededores y por eso soportan mejor los efectos de la erosión. Las escasas precipitaciones solo permiten la existencia de una vegetación pobre.

I resti di basalto scuro degli antichi vulcani del Sudan occidentale sono più duri rispetto alle rocce circostanti, e quindi resistono meglio all'erosione. Le scarse precipitazioni permettono solo una vegetazione molto rada.

No oeste do Sudão, as colunas de basalto escuro de antigos vulcões são mais duras do que a rocha circundante, resistindo melhor à erosão. A reduzida precipitação não permite mais que uma escassa vegetação.

De mörka basaltklubborna från gamla vulkaner i västra Sudan är hårdare än den omgivande stenen och motstår därför erosion bättre. Låg nederbörd tillåter bara karg vegetation.

Satellite: GeoEye-1
Acquisition Date: 2009-04-19

133

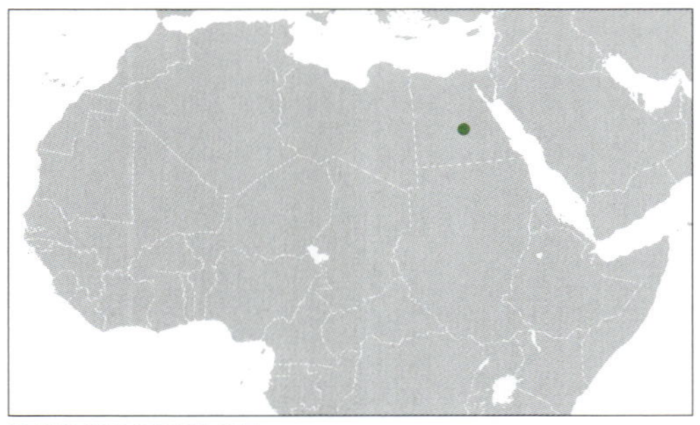

25°36.2' N / 30°28.8' E

M A F H S I T C P

JABAL TARIF

In the foothills of the Libyan Desert in Egypt, smooth cliffs are near the Kharga oasis. These form the surface of what is now a rugged chalk plateau.

In den Ausläufern der Libyschen Wüste in Ägypten finden sich nahe der Oase Kharga rundgeschliffene Felsen. Diese bilden die Oberfläche eines nun zerklüfteten Kalkplateaus.

Ces roches polies se trouvent près de l'oasis de Kharga, aux portes du désert de Libye situé en Égypte. Ces roches forment la base d'un plateau calcaire, aujourd'hui très érodé.

In de uitlopers van de Libische woestijn in Egypte bevinden zich vlakbij de Oase Kharga rondgeslepen rotsen. Deze laten het oppervlak van een nu gespleten kalkplateau zien.

En las estribaciones de los desiertos libios en Egipto yacen, cerca del oasis Kharga, piedras cilíndricas. Estas forman ahora la superficie de una rasgada llanura de cal.

Ai piedi del deserto libico in Egitto, vicino all'Oasi Kharga, si trovano le rocce levigate e rotonde. Queste costituiscono la superficie ruvida di un altopiano calcareo.

No Egito, nas margens do deserto líbio, perto do oásis de Kharga, encontramse rochedos de forma arredondada, que constituem a superfície superior de um planalto calcário, agora fragmentado.

I utlöparna till den libyska öknen i Egypten finns rundslipade klippor nära oasen Kharga. De bildar ytan på en nu klippig kalkplatå.

Satellite: GeoEye-1
Acquisition Date: 2010-09-06

135

20°26.3' N / 13°0.9' W

M A F H S I T C P

ADRAR PLATEAU

The edges of the Mauritanian plateau show the different levels of hardness in the layers of stone. Hard layers protect the softer layers underneath from the forces of erosion.

Die Ausläufer des Plateaus in Mauretanien geben Hinweise auf die unterschiedliche Härte der Gesteinsschichten. Harte Schichten stellen für darunter liegende weiche einen Schutz vor Erosion dar.

Les premiers contreforts du plateau mauritanien montrent bien l'alternance de roches de dureté différente. Les strates les plus dures protègent les couches rocheuses inférieures, plus tendres, de l'érosion.

De uitlopers van het plateau in Mauritanië wijzen op de verschillen in hardheid van de gesteentelagen. Harde lagen bieden de zachtere lagen eronder bescherming tegen erosie.

Las estribaciones de las llanuras de Mauritania son una prueba de los distintos grados de resistencia de los estratos de roca. Los estratos duros protegen a los estratos menos duros situados por debajo de la erosión.

Le colline dell'altopiano in Mauritania sono buoni esempi della diversa durezza degli strati di roccia. I rivestimenti più duri rappresentano una protezione contro l'erosione per gli strati sottostanti più morbidi.

Os contrafortes do planalto na Mauritânia revelam as diferenças na dureza dos estratos rochosos. As camadas mais duras constituem uma proteção contra a erosão das camadas menos duras subjacentes.

Utlöparna från platåerna i Mauretanien visar på de olika hårdheterna hos stenskikten. Hårda skikt utgör skydd mot erosion för de underliggande mjuka skikten.

Satellite: GeoEye-1
Acquisition Date: 2011-03-19

139

3°3.8' S / 37°21.8' E

M A F H S I T C P

KILIMANJARO

At 5 895 m, the highest mountain in Africa is a volcano that is currently dormant. The peak is covered by a glacier, which has retreated significantly due to the prevailing drought conditions.

Der mit 5 895 m höchste Berg Afrikas ist ein derzeit kaum aktiver Vulkan. Die Gipfelregion ist von einem Gletscher bedeckt, der wegen geringerer Niederschläge bereits stark zurückgegangen ist.

Avec une altitude de 5 895 m, la plus haute montagne d'Afrique est également un volcan actuellement endormi. Son sommet est recouvert par un glacier qui a déjà énormément diminué, en raison des faibles précipitations dans la région.

Deze met 5 895 m hoogste berg van Afrika is tegenwoordig nog nauwelijks een actieve vulkaan. De top wordt door een gletsjer bedekt die door de geringe neerslag al een stuk is teruggedrongen.

La montaña más alta de África, de 5 895 m, es hoy en día un volcán prácticamente inactivo. La región montañosa está cubierta por un glaciar, el cual sufre un proceso de retroceso debido a la escasez de lluvia.

La montagna più alta d'Africa, con un altezza di 5 895 m, è un vulcano attualmente inattivo. L'area sommitale è coperta da un ghiacciaio, che a causa delle scarse precipitazioni si è notevolmente ristretto.

A maior montanha de África, com os seus 5 895 m, é atualmente um vulcão praticamente inativo. A zona do cume está coberta por um glaciar que, devido à escassez das precipitações, se encontra em acentuado recuo.

Afrikas högsta berg, 5 895 möh, är en numer knappt aktiv vulkan. Toppområdet är täckt av en glaciär, som genom låg nederbörd är på kraftig tillbakagång.

Satellite: GeoEye-1
Acquisition Date: 2009-07-17

141

9°23.5' S / 46°15.8' E

M A F H S I T C P

ALDABRA ATOLL

Although closer to Madagascar, this second-largest atoll on the planet is a part of the Seychelles. Unique to this island, uninhabited by humans, are the Aldabra giant tortoise and the coconut crab.

Obwohl näher bei Madagaskar gelegen gehört das zweitgrößte Atoll der Erde zu den Seychellen. Besonderheiten der unbewohnten Insel sind die Aldabra-Riesenschildkröte und der Palmendieb.

Bien qu'il se situe tout près de Madagascar, le deuxième plus grand atoll du monde appartient aux Seychelles. La tortue géante d'Aldabra et le crabe de cocotier vivent sur cette île inhabitée.

Hoewel het dichter bij Madagaskar ligt, hoort het op een na grootste Atol van de wereld bij de Seychellen. Bijzonderheden van dit onbewoonde eiland zijn de Aldabra-reuzenschildpad en de kokoskrab.

Aunque está situado más cerca de Madagascar, el segundo atolón más grande de la Tierra pertenece a las Seychelles. Las particularidades de esta isla deshabitada son las tortugas gigantes de Aldabra y los cangrejos de los cocoteros.

Anche se si trova più vicino al Madagascar, il secondo atollo più grande del mondo appartiene alle Seychelles. Particolarità di quest'isola disabitata sono la tartaruga gigante di Aldabra e il granchio del cocco.

Apesar de se encontrar mais próximo de Madagascar, o segundo maior atol do mundo pertence às Seicheles. Entre as peculiaridades desta ilha desabitada contamse a tartaruga-gigante-de-aldabra e o caranguejo-dos-coqueiros.

Fast den ligger nära Madagaskar tillhör världens näst största atoll Seychellerna. Märkvärdigheter på den obebodda ön är aldabrasköldpaddorna och kokosnötkrabban.

Satellite: GeoEye-1
Acquisition Date: 2011-10-28

143

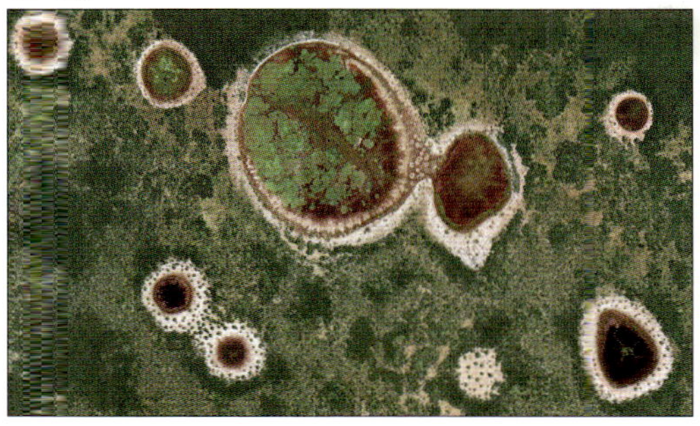

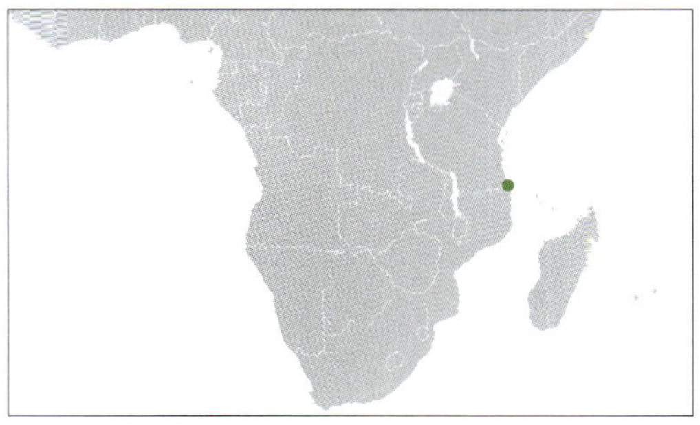

1[illegible]°54.1' S / 40°11.1' E

M A F H S I T C P

LAGO LITIMBA

Cabo Delgado in Mozambique is a tropical savannah with deciduous trees and dotted with numerous lakes. Many of the lakes in this flat region become swamps in the dry season.

Das Cabo Delgado in Mozambique ist durch eine von Seen durchsetzte tropische Savanne mit Laubwald geprägt. Viele der Seen im flachen Gebiet werden in der Trockenzeit zu Sümpfen.

Le Cabo Delgado, au Mozambique, se caractérise par une savane tropicale et des forêts de feuillus entrecoupées de nombreux lacs. Bon nombre des lacs de cette région très plate deviennent des marais lors de la saison sèche.

Het Cabo Delgado in Mozambique wordt door een met meren bezaaide tropische savanne met loofbos gekenmerkt. Veel van de meren in het vlakke gebied veranderden in de droge tijd in moerassen.

El Cabo Delgado en Mozambique se identifica por sus sabanas tropicales de árboles caducifolios entremezcladas con lagos. Muchos de los lagos del terreno plano se convierten en pantanos durante la sequía.

Cabo Delgado in Mozambico è caratterizzato da una savana tropicale intervallata da laghi con un bosco di latifoglie. Molti dei laghi della zona pianeggiante diventano paludi durante la stagione secca.

O Cabo Delgado, em Moçambique, caracteriza-se por uma savana tropical com florestas decíduas, ponteada de lagos. Muitos dos lagos da região plana transformam-se em pântanos durante a estação seca.

Cabo Delgado i Moçambique kännetecknas av tropisk savann, genomkorsad av lövskog. Många sjöar i det flacka området blir till sumpmark i torrt väder.

Satellite: GeoEye-1
Acquisition Date: 2010-06-27

145

23°39.1' S / 15°33.1' E

M A F H S I T C P

KUISEB CANYON

The Kuiseb River, which only flows intermittently, marks the border between the Namibian sand desert and the rocky region to the north of the country. Sand that is blown into the canyon is washed away by the river when it flows.

Der nur zeitweise fließende Kuiseb in Namibia stellt eine Grenze zwischen der Sandwüste Namib und dem felsigen Gebiet im Norden dar. In den Canyon gewehter Sand wird vom Fluss abtransportiert.

Le fleuve Kuiseb ne coule que par intermittence et forme une frontière entre le désert de sable du Namib et la région rocheuse au nord. Le sable accumulé dans le canyon est emporté par le fleuve, lorsqu'il est gonflé.

De Kuiseb in Namibië stroomt slechts nu en dan en vormt een natuurlijke grens tussen de zandwoestijn Namib en het rotsachtige gebied in het noorden. Het in de canyon gewaaide zand wordt door de rivier weggespoeld.

El Kuiseb, que solo fluye por momentos, en Namibia, dibuja una frontera entre el desierto del Namib y la zona rocosa del norte. En el cañón, la arena revuelta es transportada por el río.

Il fiume Kuiseb scorre solo per pochi mesi in Namibia e descrive il confine tra il deserto del Namib e la zona rocciosa del nord. La sabbia accumulata nel canyon viene portata via dal fiume.

O Kuiseb é um rio temporário da Namíbia que estabelece a fronteira entre o deserto de areia do Namibe e a região rochosa no norte. No desfiladeiro, as areias trazidas pelo vento são arrastadas pelo rio.

Den endast tidvis flytande Kuiseb i Namibia utgör gränsen mellan öknen i Namibia och det bergiga området i norr. Sand från kanjonen transporteras bort av floden.

Satellite: QuickBird
Acquisition Date: 2008-05-12

147

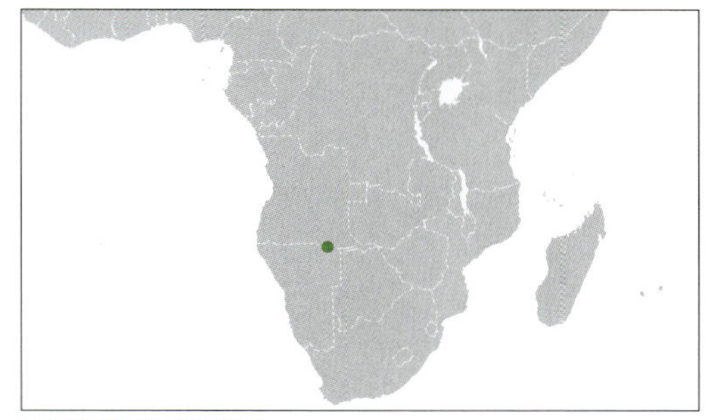

17°51.6' S / 19°33.2' E

M A F H S I T C P

OKAVANGO

The Okavango is known for its inland delta and its wildly varying channels. Not far from Kaza Park, the world's second-largest nature preserve, the river valley is regularly flooded.

Der für sein Inlanddelta bekannte Okavango weist eine stark variierende Wasserführung auf. Hier nicht weit vom Kaza-Park, dem weltweit zweitgrößten Schutzgebiet, wird das Flusstal regelmäßig überflutet.

Le débit du fleuve Okavango, connu pour son delta intérieur, est très irrégulier. Non loin de Kaza Park, la deuxième plus grande réserve naturelle au monde, la vallée du fleuve est très souvent inondée.

De om zijn binnenlandse delta bekende Okavango heeft een sterk variërende rivierverloop. Niet ver van het Kaza-Park, het op een na grootste beschermde natuurgebied ter wereld, wordt het rivierdal regelmatig overstroomd.

El río Okavango, conocido por su delta interior, presenta una gran variedad de humectación. Situado no muy lejos del parque Kaza, la segunda reserva natural más grande del mundo, el valle del río se desborda con frecuencia.

Il fiume Okavango, noto per il suo delta interno, presenta un livello dell'acqua molto variabile. Non lontano dal Kaza Park, la seconda riserva naturale al mondo, la valle del fiume è inondata periodicamente.

O rio Cubango, conhecido pelo seu delta interior, apresenta um caudal extremamente variável. Não muito longe do Parque Kaza, a segunda maior área protegida do mundo, o vale do rio e regularmente inundado.

Okavango, som är berömd för sitt inlandsdelta, uppvisar ett kraftigt varierande vattenflöde. Inte långt från Kaza Park, världens näst största skyddsområde, blir floddalen regelbundet översvämmad.

Satellite: WorldView-2
Acquisition Date: 2011-05-21

149

23°22.8' S / 14°52.8' E

M A F H S I T C P

NAMIB

The reddish sand caused by iron oxidation is what contrasts the sands of the Namib with its surrounding landscape, as seen here against the river oasis of the Kuiseb.

Die durch Oxidation des Eisens rötliche Farbe des Sands ist für die Namib charakteristisch. Damit konstrastiert sie, wie hier an der Flussoase des Kuiseb, mit der umliegenden Landschaft.

La couleur rougeâtre du sable, due à l'oxydation du fer, est caractéristique du désert du Namib. Elle forme un net contraste avec les paysages environnants, comme cette oasis que forme le fleuve Kuiseb.

Het door oxidatie van het ijzer roodgekleurde zand is karakteristiek voor de Namib. Daarmee contrasteert het, zoals hier bij de rivieroase van de Kuiseb, met het omringende landschap.

En el Namib, el rojizo de la arena debido a la oxidación del hierro es algo característico. Esto contrasta, igual que junto al río oasis de Kuiseb, con el paisaje de los alrededores.

Il colore rossastro dato dall'ossidazione del ferro regala alla sabbia del Namib il suo aspetto caratteristico. In questo modo si pone in contrasto con il paesaggio circostante come accade con l'oasi del fiume del Kuiseb.

A cor avermelhada da areia, resultante da oxidação do ferro, é característica do Namibe e contrasta com a paisagem em volta, como aqui, no oásis fluvial do Kuiseb.

Genom järnoxidation uppstår den röda sand som är karakteristisk för Namibia. Den kontrasterar, liksom i flodoasen Kuiseb, mot det omkringliggande landskapet.

Satellite: GeoEye-1
Acquisition Date: 2010-01-19

151

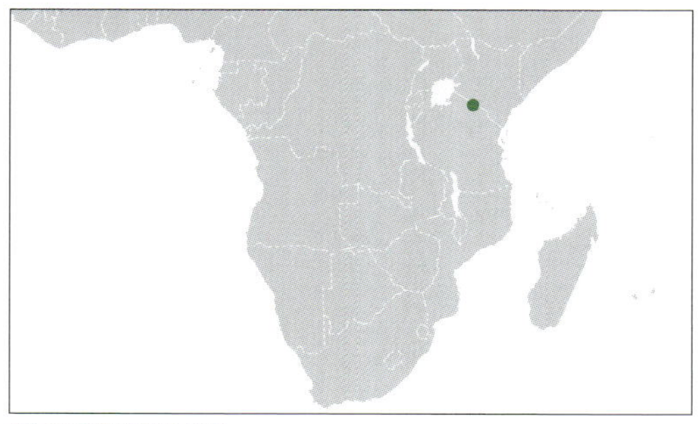

2°24.9' S / 36°3.9' E

M A F H S I T C P

LAKE NATRON

This saltwater lake in northern Tanzania is an extreme environment due to the high salt concentration in the water. Salt-loving bacteria give the lake its characteristic colour. Virtually no animals live here except flamingos.

Der Salzsee im Norden Tansanias ist aufgrund der Konzentration der darin gelösten Salze ein extremer Ort. Salzliebende Bakterien geben dem See seine Farbe. Außer Flamingos sind hier kaum Tiere zu finden.

Ce lac salé du nord de la Tanzanie est l'exemple type d'un environnement extrême, en raison de la concentration de sel dans l'eau. Ce sont différentes bactéries qui lui donnent cette couleur particulière. Mis à part les flamants roses, on ne trouve ici que très peu d'animaux.

Het zoutmeer in het noorden van Tanzania is door de zoutconcentratie een extreem oord. Zoutminnende bacteriën geven het meer zijn kleur. Naast flamingo's zijn hier amper dieren te vinden.

El lago salado del norte de Tanzania está situado en un lugar extremado debido a la concentración de sal disuelta. Las bacterias vivas de la sal colorean el lago. A excepción de los flamencos, es difícil encontrar animales en este lugar.

A causa della concentrazione di sale disciolto in acqua, il lago salato nel nord della Tanzania è un luogo estremo. I batteri del sale conferiscono al lago il suo caratteristico colore. A parte i fenicotteri, è difficile trovare altri animali.

O lago salgado no norte da Tanzânia é um lugar com condições extremas, devido à concentração dos sais nele dissolvidos. A cor do lago é-lhe conferida por bactérias halófilas. Para além dos flamingos, não se vê aqui qualquer outro animal.

Saltsjön i norra Tanzania skapas av koncentrationen av en extremt stor mängd lösta salter. Saltälskande bakterier ger sjön dess färg. Förutom flamingos finns här nästan inga djur.

Satellite: IKONOS
Acquisition Date: 2008-02-02

153

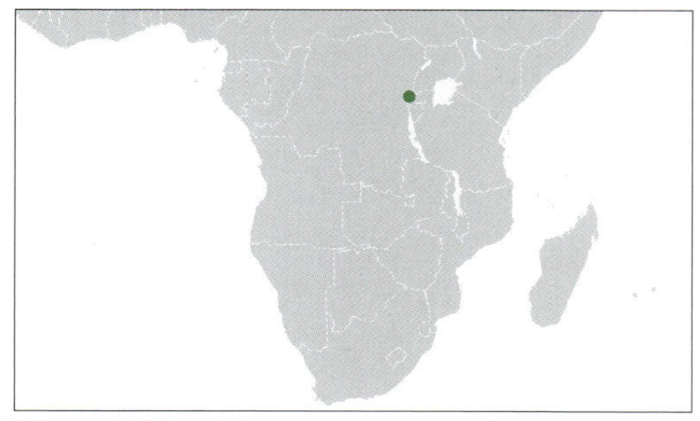

1°31.2' S / 29°14.8' E

M A F H S I T C P

NYIRAGONGO

This active volcano and lava-pool in Virunga National Park are located in the middle of a practically inaccessible rain forest. This area is home to endangered species such as mountain gorillas, forest elephants and okapis.

Der aktive Vulkan im Virunga-Nationalpark mit seinem Lavasee liegt inmitten eines schwer zugänglichen Regenwalds. Hier leben gefährdete Tierarten wie Berggorillas, Waldelefanten und Okapis.

Ce volcan actif du parc national de Virunga, avec son lac de lave, se trouve au cœur d'une forêt tropicale difficilement accessible. De nombreuses espèces animales menacées vivent ici, comme les gorilles des montagnes, les éléphants de forêt d'Afrique et les okapis.

De actieve vulkaan in Nationaal Park Virunga ligt met zijn lavameer te midden van een moeilijk toegankelijk regenwoud. Hier leven met uitsterven bedreigde diersoorten zoals de berggorilla, bosolifant en Okapi.

El volcán activo del parque nacional Virunga, con su lago de lava, yace en medio de una densa selva tropical. Aquí habitan distintas especies de animales en peligro de extinción como gorilas de montaña, elefantes forestales y okapis.

Il vulcano attivo nel parco nazionale di Virunga e il suo lago di lava si ergono all'interno di una foresta pluviale inaccessibile. Qui vivono specie minacciate di estinzione come i gorilla di montagna, gli elefanti della foresta e gli okapi.

O vulcão ativo do Parque Nacional de Virunga, com o seu lago de lava, está situado no meio de uma floresta pluvial de difícil acesso. Vivem aqui espécies animais ameaçadas, como o gorila-das-montanhas, o elefante-da-floresta e o ocapi.

Den aktiva vulkanen i nationalparken Virunga, med dess lavasjö, ligger mitt i svårtillgänglig regnskog. Här lever utrotningshotade djurarter som bergs-gorillor, skogselefanter och okapier.

Satellite: IKONOS
Acquisition Date: 2003-07-03

155

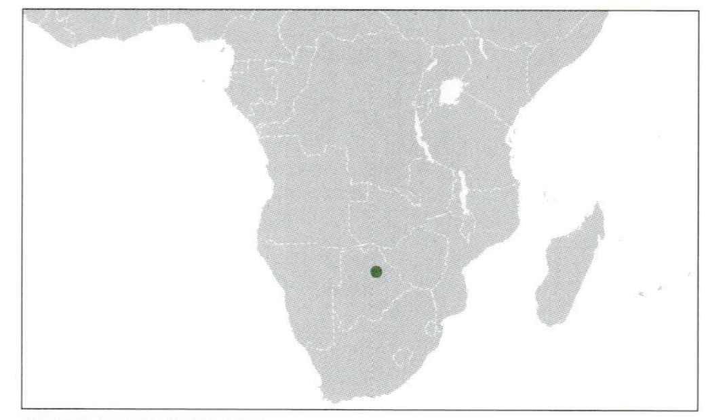

20°36.0' S / 24°59.5' E

M A F H S I T C P

MAKGADIKGADI

These extensive salt flats in Botswana are only filled with water in years with strong rainfall. They serve as breeding grounds for numerous bird species, including flamingos and the great white pelican.

Die ausgedehnten Salzpfannen in Botswana sind nur in Jahren mit starken Regenfällen mit Wasser gefüllt. Sie sind Brutgebiet für zahlreiche Vogelarten, darunter Flamingos und Rosapelikane.

Il faut des années pour que les eaux de pluie remplissent les vastes salines du Botswana. Ce sont des régions de couvée pour d'innombrables espèces d'oiseaux, parmi lesquelles les flamants et les pélicans roses.

De uitgebreide zoutvlaktes in Botswana zijn enkel in jaren met veel regenval met water gevuld. Ze vormen het broedgebied voor tal van vogelsoorten waaronder flamingo's en roze pelikanen.

Los vastos halófitos de Botsuana se van llenando de agua por las fuertes precipitaciones a lo largo de los años. Son lugares de reproducción para una gran variedad de aves como flamencos y pelícanos rosas.

Le lunghe saline in Botswana negli anni si sono riempite d'acqua a causa delle forti precipitazioni. Questo ha creato un terreno fertile per numerose specie di uccelli, tra cui fenicotteri e pellicani bianchi.

As vastas planícies salgadas do Botsuana só se enchem de água em anos com forte precipitação. São área de nidificação de numerosas espécies de aves, entre as quais flamingos e pelicanos-de-dorso-rosado.

De vidsträckta grunda saltsjöarna i Botswana fylls bara med regnvatten under regnrika år. De utgör häckningsområden för talrika fågelarter, bland annat flamingos och rosa pelikaner.

Satellite: GeoEye-1
Acquisition Date: 2010-10-22

157

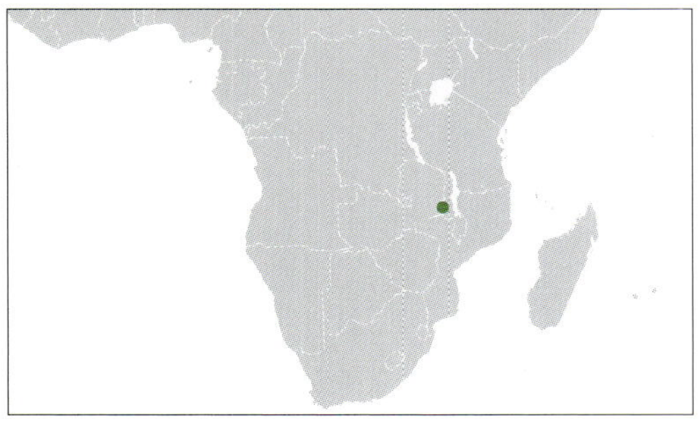

13°11.2' S / 33°9.4' E

M A F H S I T C P

KASUNGU

The mix of dense tree savannah with open grasslands along the rivers of this national park make it an ideal home for elephants and lions.

Die Mischung aus dichter Baumsavanne mit offenen Graslandschaften entlang der Flüsse des Nationalparks stellt für die afrikanische Tierwelt mit Elefanten und Löwen einen idealen Lebensraum dar.

Le mélange de savane arborée très dense et de prairies bordant les cours d'eau de ce parc national crée un environnement idéal pour la faune sauvage africaine, comme les éléphants et les lions.

De mix van dichte boomsavannes met open graslandschap langs de rivieren van het nationaal park zorgt voor een ideaal leefgebied voor de Afrikaanse dierenwereld met olifanten en leeuwen.

La mezcla de densas sabanas de árboles con extensos campos a lo largo de los ríos del parque nacional constituye un hábitat ideal para el mundo animal africano con elefantes y leones.

La mescolanza di grandi alberi della savana con praterie sconfinate lungo i fiumi del parco rappresenta un habitat ideale per la fauna selvatica africana come elefanti e leoni.

A mistura de uma densa savana arbórea, com zonas de pasto abertas ao longo dos rios do parque nacional, constitui um habitat ideal para a fauna africana, nomeadamente para os elefantes e leões.

Blandningen av tät trädsavann och öppet gräslandskap längs floderna i nationalparken utgör en idealisk levnadsplats för den afrikanska djurvärlden med elefanter och lejon.

Satellite: GeoEye-1
Acquisition Date: 2009-08-27

159

33°1.5' S / 19°38.5' E

M A F H S I T C P

KOUE BOKKEVELD

This hilly region near Cape Town is part of Cape Flora, with the densest concentration of plant species on the planet. At higher levels, the fynbos, a bushy heather, grows here.

Die Gebirgsregion nahe Kapstadt ist Teil der Kapflora, dem auf die Fläche bezogen pflanzenartenreichsten Gebiet der Erde. In höheren Lagen wächst hier Fynbos, eine Strauchheide.

La région montagneuse près du Cap fait partie du royaume floral du Cap, l'une des régions du globe les plus riches en espèces végétales. Une lande particulière, le fynbos, s'étend à plus haute altitude.

Het bergachtige gebied nabij Kaapstad is onderdeel van de Kapflora, wat oppervlakte betreft het gebied met de grootste diversiteit aan plantensoorten op aarde. Op hoger gelegen stukken groeit hier fynbos, een soort heidestruik.

La región montañosa cerca de Ciudad del Cabo forma parte de la flora del cabo, cuya superficie alberga la más abundante variedad vegetal del planeta. En los lugares de más altura crecen fynbos, un brezal de arbustos.

La regione montuosa vicino a Città del Capo fa parte del Regno Floreale del Capo, la zona con la maggior ricchezza vegetativa del pianeta. A quote più elevate cresce un arbusto chiamato Fynbos.

A região montanhosa perto da Cidade do Cabo faz parte do Reino Floral do Cabo, a região com maior densidade de espécies vegetais da Terra. Nas zonas de maior altitude encontra-se aqui um tipo de charneca conhecido como fynbos.

Bergsregionen nära Kapstaden är en del av Kapfloran, som i förhållande till sin yta är världens växttätaste område. I högre lägen växer här fynbos, den sydafrikanska buskheden.

Satellite: GeoEye-1
Acquisition Date: 2010-12-19

161

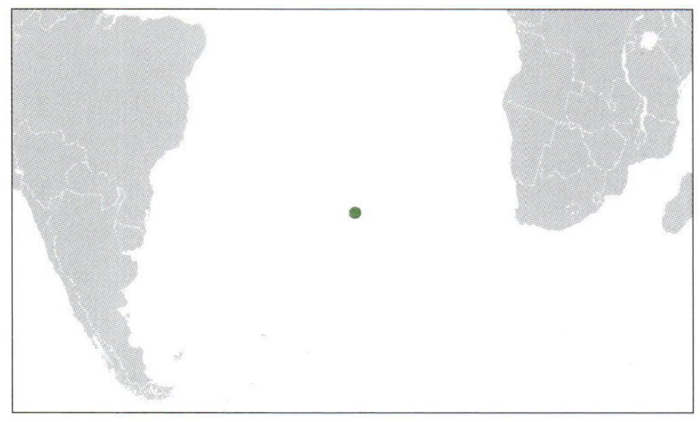

37°7.6' S / 12°16.4' W

M A F H S I T C P

TRISTAN DA CUNHA

The main island, of its eponymous island group in the South Atlantic, is the world's most remote populated island. Sea birds such as the albatross and petrel appreciate this stopover point in the middle of the ocean.

Die Hauptinsel der gleichnamigen Inselgruppe im Südatlantik gilt als abgelegenste bewohnte Insel. Vor allem Seevögel wie Albatrosse und Sturmvögel schätzen den Stützpunkt im offenen Ozean.

L'île principale de cet archipel du même nom, dans l'océan Atlantique sud, est considérée comme le plus reculé des lieux habités. Les oiseaux de mer, comme les albatros et les pétrels, apprécient tout particulièrement ce port d'attache en pleine mer.

Het hoofdeiland van de gelijknamige eilandengroep in de Zuid-Atlantische Oceaan geldt als het meest afgelegen bewoonde eiland op aarde. Vooral zeevogels als de albatros en de stormvogel waarderen dit steunpunt midden in de open oceaan.

La isla principal del archipiélago de mismo nombre en el sur del Atlántico es la isla habitada más alejada. Las aves marinas como albatros o petreles se consideran, más que nada, la base del océano abierto.

L'isola principale dello stesso gruppo di isole nell'Atlantico meridionale è considerata una remota isola abitata e punto di riferimento in oceano aperto di molti uccelli marini come albatri e procellarie.

A ilha principal do arquipélago do mesmo nome, no sul do Atlântico, é considerada como a ilha habitada mais isolada. Este ponto de apoio em pleno oceano é particularmente apreciado por aves marinhas, como os albatrozes e procelariídeos.

Huvudön i ögruppen med samma namn i Sydatlanten räknas som världens mest avlägsna bebodda ö. Framför allt havsfågel som albatross och brokpetrell uppskattar basen i det öppna havet.

Satellite: QuickBird
Acquisition Date: 2005-05-05

165

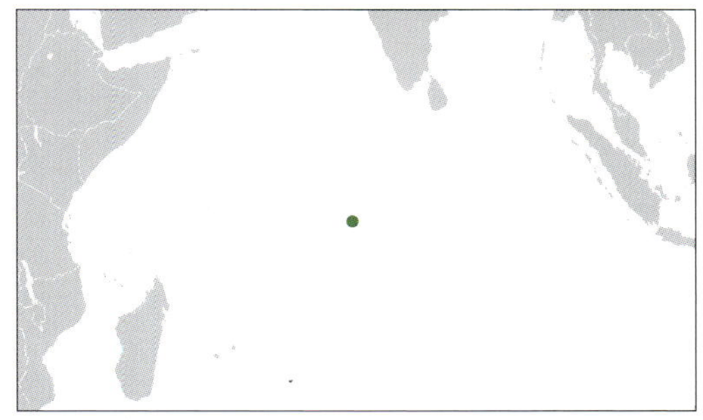

6°40.5' S / 71°22.4' E

M A F H S I T C P

EGMONT ISLANDS

This atoll in the Chagos Archipelago in the Indian Ocean is significant for the extraordinary biodiversity in its reef, with more than 200 coral and 800 fish species.

Das Atoll im Chagos-Archipel im Indischen Ozean ist wegen der außergewöhnlichen Artenvielfalt in seinem Riff mit mehr als 200 Korallen- und fast 800 Fischarten bedeutend.

Les eaux de l'atoll de l'archipel des Chagos, situé dans l'Océan indien, sont importantes en termes de biodiversité. Elles comptent quelques 200 espèces de coraux et 800 espèces de poissons.

Dit atol in de Chagos-archipel in de Indische Oceaan is belangrijk vanwege de buitengewone verscheidenheid aan soorten in zijn rif met meer dan 200 koralen en zeker 800 vissoorten.

El atolón del archipiélago Chagos en el océano Índico es de particular importancia por la diversidad de su arrecife, con más de 200 tipos distintos de coral y casi 800 especies de peces.

L'atollo dell'arcipelago Chagos, nell'Oceano Indiano, è importante grazie alla sua eccezionale biodiversità di più di 200 coralli e quasi 800 specie di pesci sulla sua barriera corallina.

Este atol do arquipélago de Chagos, no oceano Índico, é de grande importância, graças à invulgar variedade de espécies do seu recife, com mais de 200 espécies de corais e quase 800 espécies de peixes.

Ögruppen i Chagosarkipelagen i Indiska oceanen är känd för sin exceptionella artrikedom i sitt rev med mer än 200 koraller- och nästan 800 fiskarter.

Satellite: QuickBird
Acquisition Date: 2006-06-11

167

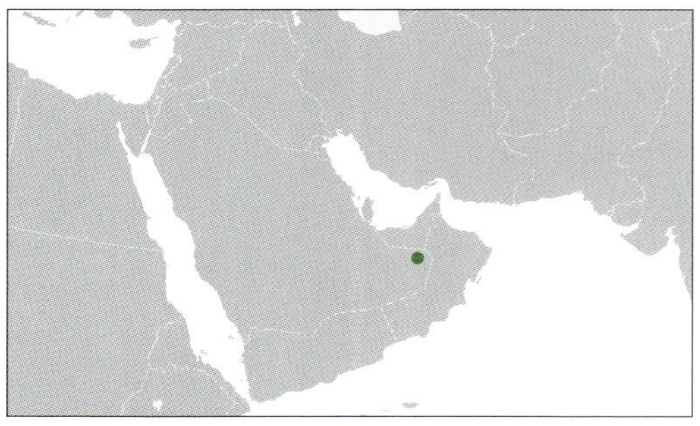

22°3.2' N / 54°38.1' E

M A F H S I T C P

RUB AL-KHALI

This "Empty Zone" is the largest sand desert on the planet, covering more than 780 000 km². Complex dune formations as high as 300 m mix with gravel plains in what is the world's richest petroleum region.

Das „Leere Viertel", die größte Sandwüste der Erde, dehnt sich über 780 000 km² aus. Komplexe Dünenbögen mit Höhen bis 300 m wechseln sich im weltweit erdölreichsten Gebiet mit Schotterebenen ab.

Littéralement le « Quart vide », il s'agit du plus grand désert de sable au monde, s'étendant sur plus de 780 000 km². Les massifs complexes de dunes qui s'y forment peuvent atteindre jusqu'à 300 m de hauteur, et alternent avec des plaines de gravier dans cette région extrêmement riche en pétrole.

Het „lege kwartier", de grootste zandwoestijn op aarde, is uitgespreid over 780 000 km². Ingewikkelde duinenbogen met hoogtes tot 300 m worden afgewisseld door vlaktes met steengruis in 's werelds aardolierijkste gebied.

El desierto más grande del planeta, llamado «Cuarto Vacío», se extiende a lo largo de 780 000 km². Las complejas ondas de las dunas de una altura de hasta 300 m se alternan con explanadas de gravilla en la zona con más abundancia de petróleo de todo el mundo.

«Il quarto vuoto», il deserto di sabbia più grande al mondo, si estende su 780 000 km². Complesse dune ad arco, con altezze che raggiungono i 300 m, si alternano a pianure di ghiaia nella zona più ricca di petrolio del mondo.

O "quarteirão vazio", o maior deserto de areia do mundo, estende-se ao longo de mais de 780 000 km². Os arcos de dunas com alturas até 300 m alternam com planícies de areia e cascalho, na região mais rica em petróleo de todo o mundo.

Den "tomma fjärdedelen", världens största sandöken, sträcker sig över 780 000 km². Komplexa dynbågar med höjder upp till 300 m växlar om med gruslager, i världens oljerikaste område.

Satellite: GeoEye-1
Acquisition Date: 2010-10-28

169

27°57.4' N / 86°53.7' E

M A F H S I T C P

MOUNT EVEREST

The world's highest peak stands at 8 848 m above sea level and is part of Sagarmatha National Park and the Himalaya Biosphere Reserve, although the extreme climate conditions are not hospitable to life forms.

Der mit 8 848 m höchste Berg der Erde ist Teil des Sagarmatha-Nationalparks und eines Biosphärenreservats im Himalaya, obwohl die extremen klimatischen Bedingungen kaum Leben zulassen.

Avec ses 8 848 m, la plus haute montagne du monde fait partie du parc national du Sagarmathaet de la réserve de biosphère de l'Himalaya, malgré les conditions climatiques extrêmes qui y limitent les formes de vie.

De met 8 848 m hoogste berg ter wereld maakt deel uit van het Nationaal Park Sagarmatha en een biosfeerreservaat in de Himalaya, hoewel de extreme klimatologische omstandigheden nauwelijks leven toelaten.

La montaña más alta de la tierra, de 8 848 m de altura, constituye una parte del Parque Nacional Sagarmatha y de la reserva de biosfera del Himalaya, a pesar de unas condiciones climáticas poco favorables a la existencia de vida.

Il monte più alto del mondo, 8 848 m d'altezza, fa parte del Sagarmatha National Park e di una Riserva della Biosfera sull'Himalaya, anche se le condizioni climatiche estreme non formano un habitat ideale per gli esseri viventi.

A montanha mais alta da Terra, com os seus 8 848 m, está integrada no Parque Nacional de Sagarmantha e constitui uma Reserva da Biosfera nos Himalaias, apesar de as extremas condições climatéricas quase não permitirem a existência da vida.

Jordens högsta berg, 8 848 m, är en del av nationalparken Sagarmatha och ett biosfärreservat i Himalaya, även om de extrema klimatförutsättningarna gör att nästan inget liv är möjligt.

Satellite: GeoEye-1
Acquisition Date: 2009-11-21

171

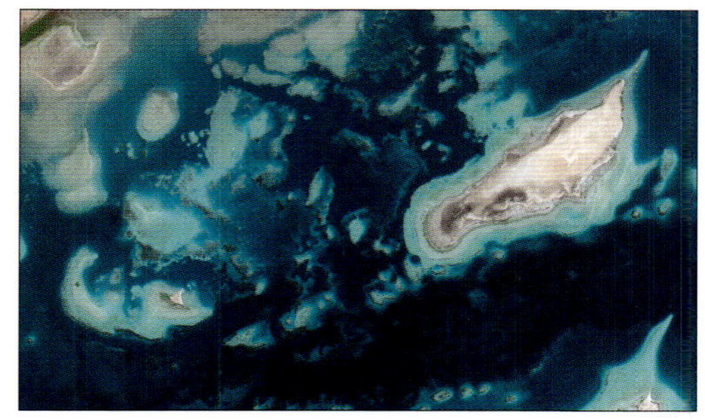

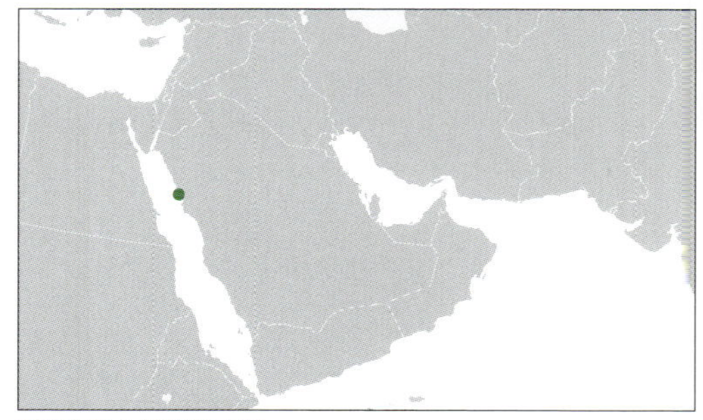

25°32.7' N / 36°56.1' E

M A F H S I T C P

DAFFAT AL-WAJH

A great diversity of aquatic animals, including numerous fish species, sea cows and sea turtles, populate this coral reef in the northern Red Sea. Many sea birds use this region as a breeding ground as well.

Eine große Vielfalt von Meerestieren, neben zahlreichen Fischarten auch Dugongs und Meeresschildkröten, bevölkert das Korallenriff im Norden des Roten Meers. Hier brüten auch viele Seevogelarten.

Une grande variété d'animaux marins, dont de nombreuses espèces de poissons, des dugongs et des tortues de mer, peuple ce récif corallien du nord de la mer Rouge. De nombreuses espèces d'oiseaux viennent s'y reproduire.

Een grote verscheidenheid aan zeedieren bevolkt het koraalrif in het noorden van de Rode Zee. Naast talrijke vissoorten leven hier ook doejoengs en zeeschildpadden. Er broeden zeer veel soorten zeevogels.

Una gran variedad de animales marinos y numerosas especies de peces como dugongos y tortugas marinas habitan en el arrecife coralino del norte del mar Rojo. También aquí se reproducen muchas especies de aves marinas.

Una grande varietà di animali marini, oltre a numerose specie di pesci, dugonghi e tartarughe marine, popolano la barriera corallina del Mar Rosso settentrionale. Molte specie di uccelli marini si riproducono qui.

O recife de coral no norte do mar Vermelho é habitado por uma grande variedade de animais marinhos, a par de numerosas espécies de peixes, dugongues e tartarugas-marinhas. Também nidificam aqui muitas aves marinhas.

Stor mångfald av havsdjur, utöver talrika fiskarter, dugonger och havssköldpaddor, befolkar korallreven i norra Röda havet. Här häckar också många havsfågelarter.

Satellite: GeoEye-1
Acquisition Date: 2012-09-13

173

47°9.7' N / 53°5.1' E

M A F H S I T C P

TENTEKSOR

In the Caspian Depression, almost 30 m below sea level, a large saltwater swamp is paradise for insects. Grasses and short shrubs grow on neighbouring dunes.

In der Kaspischen Senke, fast 30 m unter dem Meeresspiegel, breiten sich weitläufige Salzsümpfe aus, ein Paradies für Insekten. Auf Dünen wachsen Gräser und niedrige Sträucher.

Un vaste marais salant s'étend au cœur de la dépression de la mer Caspienne, à quelques 30 m au-dessous du niveau de la mer. De l'herbe et des buissons poussent sur les dunes entourant ce paradis pour les insectes.

In de Kaspische Laagte, bijna 30 m onder zeeniveau, strekt zich een breed zoutmoeras uit, een paradijs voor insecten. Op de duinen groeien gras en lage struiken.

En la depresión cáspica, a casi 30 m por debajo del nivel del mar, se propagan extensos pantanos salados, un paraíso de los insectos. Sobre las dunas crecen hierbas y tímidos arbustos.

Nel bacino del Caspio, circa 30 m sotto il livello del mare, si estendono le saline, paradiso per gli insetti. Sulle dune crescono erba e arbusti bassi.

Na depressão Caspiana, quase 30 m abaixo do nível do mar, estendem-se vastos pântanos salgados, um paraíso para os insetos. Nas dunas crescem gramíneas e pequenos arbustos.

I Kaspiska sänkan, nästan 30 meter under havsnivån, brer sig vidlyftiga saltsumpmarker ut, ett paradis för insekter. På dynerna växer gräs och låga buskar.

Satellite: IKONOS
Acquisition Date: 2001-11-25

175

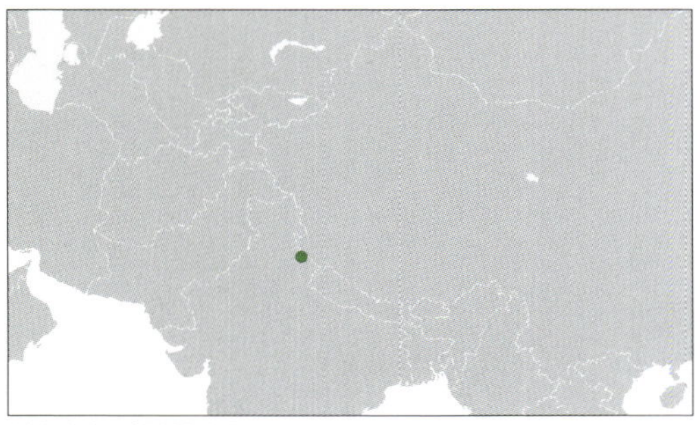

30°52.3' N / 79°5.1' E

M A F H S I T C P

SHIVLING

Standing at 6 543 m above sea level, Shivling has been nicknamed the Matterhorn due to its shape. The Gangotri Glacier, which starts here, is one of the largest in the Himalayas and is the source of the Ganges.

Wegen seiner Form ist der 6 543 m hohe Shivling auch als Matterhorn Peak bekannt. Der von hier ausgehende Gangotri-Gletscher ist einer der größten im Himalaya und der Ursprung des Ganges.

S'élevant à 6 543 m, le mont Shivling a été surnommé « Matterhorn Peak », en raison de sa ressemblance avec cette montagne (le Cervin en français). Le fleuve Gange prend sa source au pied de ce glacier, l'un des plus grands du massif de l'Himalaya.

Vanwege zijn vorm is de 6 543 m hoge Shivling ook bekend als de Matterhorn Peak. De vanaf hier uitlopende Gangotri gletsjer is een van de grootste in de Himalaya en vormt de bron van de Ganges.

Debido a su forma piramidal, al Shivling, de 6 543 m de altitud, también se lo conoce como «Matterhorn». El glaciar Gangotri, el cual empieza aquí, es uno de los más grandes del Himalaya y supone el principio del camino.

A causa della sua forma, lo Shivling, alto 6 543 m, è noto anche con il nome di picco del Mattherhorn (Cervino). Il ghiacciaio Gangotri è uno dei più grandi dell'Himalaya. Da qui ha origine il fiume Gange.

Devido à sua forma, o Shivling, com os seus 6 543 m, é também conhecido como Matterhorn. O glaciar de Gangotri, que parte daqui, é um dos maiores dos Himalaias e a nascente do Ganges.

Efter sin form är den 6 543 m höga skivan också känd som Matterhorntoppen. Gangotriglaciären, som utgår härifrån, är en av de största i Himalaya liksom Ganges källa.

Satellite: GeoEye-1
Acquisition Date: 2012-01-02

177

2?°51.3' N / 55°40.8' E

M A F H S I T C P

QESHM

The Hara mangrove forests on the north edge of the Straits of Hormuz in the Persian Gulf are a unique biosphere home to migratory birds, sea turtles and sea serpents.

Die Hara-Mangrovenwälder am Nordrand der Straße von Hormus im Persischen Golf sind ein einzigartiger Lebensraum. Sie sind Heimat für Zugvögel und Reptilien wie Meeresschildkröten und Seeschlangen.

La mangrove de Hara, au nord du détroit d'Ormuz, dans le golfe Persique, est une réserve de biosphère unique, en ce qu'elle accueille des oiseaux migrateurs et des reptiles comme les tortues et les serpents de mer.

De Hara-Mangrovebossen aan de noordrand van de Straat van Hormuz in de Perzische Golf vormen een unieke habitat. Ze bieden leefruimte aan trekvogels en reptielen zoals zeeschildpadden en zeeslangen.

Los manglares Hara del borde norte del estrecho de Ormuz, en el golfo Pérsico, representan un hábitat sin igual. Son el hogar de aves migratorias y reptiles como tortugas marinas y serpientes.

Le foreste di mangrovie di Hara sul bordo settentrionale dello Stretto di Hormuz nel Golfo Persico sono un habitat unico. In questi luoghi trovano casa gli uccelli migratori e i rettili come tartarughe e serpenti di mare.

Os mangais de Hara, na margem norte do estreito de Ormuz, no golfo Pérsico, são um habitat muito especial. Vivem aqui aves migratórias e répteis, tais como as tartarugas-marinhas e as cobras-marinhas.

Haramangroveskogen i norra kanten av vägen från Hormuz vid Persiska viken är ett unikt habitat. Det är hem för flyttfåglar liksom reptiler som havssköldpaddor och havsormar.

Satellite: GeoEye-1
Acquisition Date: 2011-04-19

179

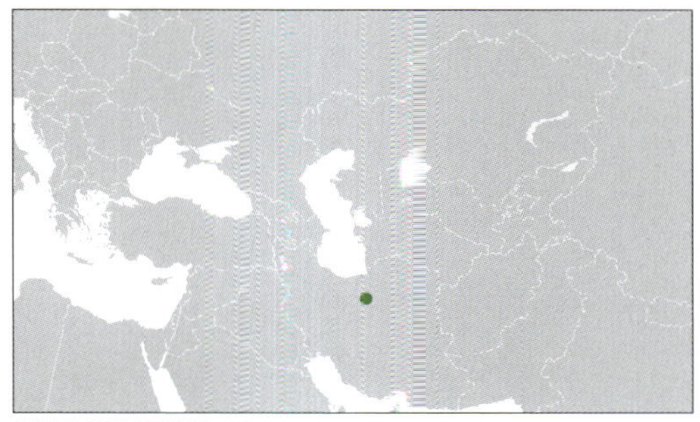

34°53.4' N / 53°45.1' E

M A F H S I T C P

DASHT-E KAVIR

The great Iranian salt desert has temperature extremes with highs up to 50 °C. The temperatures sometimes drop by much as 70 °C at night. The salt layers are worn away by strong storms.

Die Große Salzwüste im Iran weist extreme Temperaturen mit Maxima bis 50 °C und Tag-Nacht-Unterschieden bis zu 70 °C auf. Die Salztonebenen werden von heftigen Stürmen abgeschliffen.

Les températures de ce grand désert salé d'Iran sont extrêmes – jusqu'à 50 °C – et leur amplitude entre le jour et la nuit peut atteindre 70 °C. Les grandes plaques de sel sont constamment modelées par de violentes tempêtes.

De grote zoutwoestijn in Iran kent extreme temperaturen van maximaal 50 °C en verschillen in de dag- en nachttemperatuur van wel 70 °C. De zoutvlaktes zijn door heftige stormen afgesleten.

El gran desierto de sal en Irán presenta temperaturas extremas, con máximas de hasta 50 °C y oscilaciones térmicas de hasta 70 °C entre el día y la noche. Las explanadas de arcilla salada sufren violentos temporales.

Il Deserto Salato dell'Iran ha temperature estreme, con temperature massime fino a 50 °C e un'escursione termica tra giorno e notte che arriva fino a 70 °C. La forma delle saline viene plasmata da tempeste violente.

O grande deserto salgado do Irão apresenta temperaturas extremas, com máximas que atingem os 50 °C e variações térmicas entre o dia e a noite de até 70 °C. As planícies salgadas são varridas por tempestades violentas.

De stora saltökenarna i Iran har extrema temperaturer med maximum på upp till 50 °C och skillnader mellan natt och dag på upp till 70 °C. Saltområdena slipas av häftiga stormar.

Satellite: QuickBird
Acquisition Date: 2003-10-07

181

30°8.1' N / 78°0.9' E

M A F H S I T C P

RAJAJI

The last remaining Sal forests in the foothills of the Himalayas offer an ever-shrinking home to Bengal tigers, Asian elephants and Indian leopards.

Die Reste der ursprünglich auf den südlichen Vorgebirgen des Himalayas verbreiteten Salwäldern bieten unter anderem Bengalischen Tigern, Indischen Elefanten und Leoparden Lebensraum.

Les vestiges des forêts de sals qui recouvraient autrefois les contreforts sud de l'Himalaya sont aujourd'hui le refuge des tigres du Bengale, des éléphants d'Asie et des léopards indiens.

De rest van het oorspronkelijk op het zuidelijke voorgebergte van de Himalaya verspreide loofbos biedt leefruimte aan onder andere de Bengaalse tijger, de Aziatische olifant en de Indische luipaard.

Los restos del original bosque Sal, situado en la cara sur de la falda del Himalaya, son el hogar de elefantes asiáticos y leopardos indios, entre otros animales bengalís.

I resti della foresta di Sal, originariamente sulle pendici meridionali della catena dell'Himalaya, offrono un perfetto habitat per le tigri del Bengala, gli elefanti asiatici e i leopardi indiani.

Os restos das florestas de "sal", que originalmente se estendiam pelos sopés meridionais dos Himalaias, constituem o habitat do tigre-de-bengala, do elefante-asiático e do leopardo-indiano.

Resterna av de ursprungligen spridda saltskogarna i de sydliga förbergen till Himalaya ger hem åt bengaliska tigrar, asiatiska elefanter och indiska leoparder.

Satellite: QuickBird
Acquisition Date: 2005-9-19

185

49°20.7' N / 154°41.8' E

M A F H S I T C P

ONEKOTAN

As part of the Pacific "ring of fire", the Kuril Islands are of volcanic origin. On Onekotan, the Krenitsyn volcano is evolving inside an older caldera and thus forms a ring-shaped crater lake.

Die Kurilen sind als Teil des Pazifischen Feuerrings vulkanischen Ursprungs. Auf Onekotan erhebt sich der Vulkan Krenizyn in einer älteren Caldera und bildet so einen ringförmigen Kratersee.

Les îles Kouriles, qui forment une partie de la ceinture de feu du Pacifique, sont d'origine volcanique. L'île d'Onekotan comporte un volcan qui s'élève dans une ancienne caldeira et qui forme ainsi un lac volcanique circulaire.

De Koerilen hebben als onderdeel van de ring van vuur in de Stille Oceaan een vulkanische oorsprong. Op Onekotan verrijst de Vulkaan Krenizyn in een oudere krater en vormt zo een ringvormig kratermeer.

Las islas Kuriles, de origen volcánico, forman parte del Cinturón de Fuego del Pacífico. En una antigua caldera de Onekotan se alza el volcán Krenizyn y por eso forma un lago de cráter de forma anular.

Le isole Curili hanno origine vulcanica, poiché sono parte dell'anello di fuoco del Pacifico. Sull'Onekotan si staglia il vulcano Crenosin in una vecchia caldera creando così un lago vulcanico di forma circolare.

As ilhas Curilas, que fazem parte do chamado anel de fogo do Pacífico, têm origem vulcânica. Na ilha de Onekotan, o vulcão Krenizyn erguese numa antiga caldeira vulcânica, formando um lago de cratera circular.

Kurilerna har, som del av Eldringen i Stilla havet, vulkaniskt ursprung. På Onekotan höjer sig vulkanen Krenizyn ur en äldre caldera och bildar på så sätt en ringformig kratersjö.

Satellite: QuickBird
Acquisition Date: 2006-09-14

187

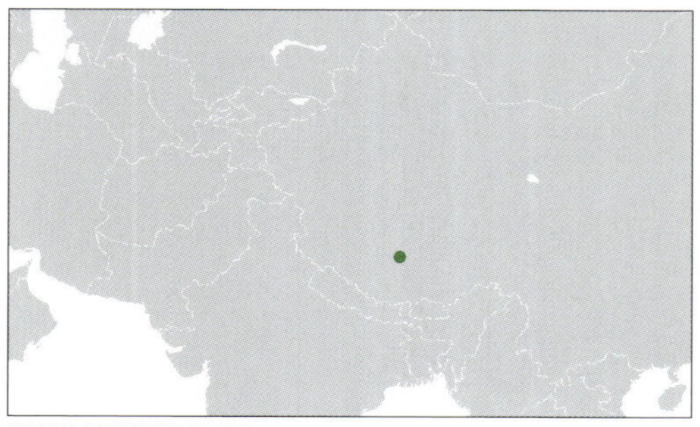

31°23.3' N / 87°56.2' E

M A F H S I T C P

ZIGUI CUO

Protected from the monsoon rains by the Himalayas, the Tibetan highlands are dry and desert-like. The aridity becomes clear in the snowless landscape around the ice-covered lake.

Durch den Himalaya von den Monsunregen abgeschirmt ist das Hochland von Tibet trocken und wüstenhaft. Die Trockenheit wird in der schneefreien Landschaft um den eisbedeckten See deutlich.

Protégé des pluies de la mousson par le massif de l'Himalaya, le plateau tibétain est sec et désertique. La sécheresse est bien visible dans ce décor sans neige entourant le lac gelé.

Het hoogland van Tibet is door de Himalaya afgeschermd voor moessonregens en daardoor droog en woestijnachtig. De droogte wordt in het sneeuwloze landschap duidelijk rondom het met ijs bedekte meer.

Cruzando el Himalaya, en un lugar resguardado de las lluvias del monzón, el altiplano del Tíbet presenta un aspecto seco y desértico. La sequía se hace obvia en las zonas sin nieve, alrededor del lago helado.

Protetto dalla catena dell'Himalaya e dalle piogge monsoniche, l'altopiano del Tibet è secco e desertico. La siccità è evidente in questo paesaggio privo di neve che circonda il lago ghiacciato.

As terras altas do Tibete, protegidas das chuvas de monção pelos Himalaias, são secas e desérticas. A seca é evidente na paisagem sem neve que circunda o lago coberto de gelo.

Avskärmat från monsunregnen av Himalaya är höglandet i Tibet torrt och ofruktbart. Torkan blir tydlig i det snöfria landskapet runt den istäckta sjön.

Satellite: GeoEye-1
Acquisition Date: 2010-01-12

189

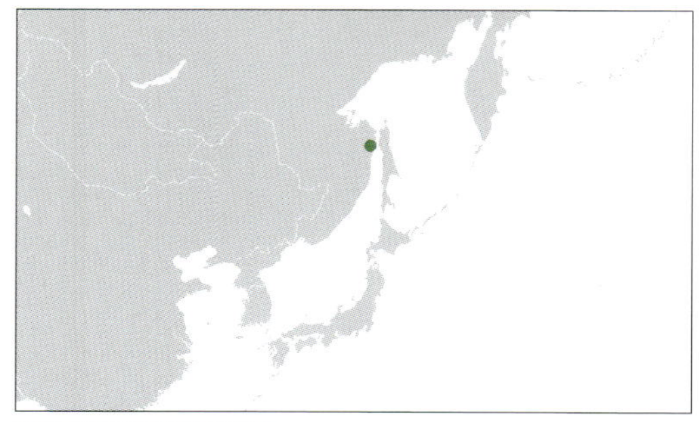

51°59.9' N / 140°14.6' E

M A F H S I T C F

AMUR

The constant shift in the course of the Amur River where it flows into the Okhotsk Sea has produced a fine pattern of extensive lakes in what is a barely accessible swamp landscape.

Die ständige Verlagerung des Flusslaufs hat nahe der Mündung des Amur ins Ochotskische Meer eine feingegliederte und nur schwer zugängliche Sumpflandschaft mit langgezogenen Seen erzeugt.

Le déplacement constant du fleuve Amour, dans la région où il se jette dans la mer d'Okhotsk, a formé un réseau délicat de marécages et de lacs difficiles d'accès.

De zich steeds verplaatsende rivierloop heeft nabij de monding van de Amoer in de Zee van Ochotsk een moeilijk toegankelijk moeras geschapen met langgerekte meren.

El movimiento constante del curso del río ha creado extensos lagos con pantanos integrados de difícil acceso cerca de la desembocadura del Amur en el mar Okhotsk.

Il costante spostamento del fiume ha creato, nei pressi della foce dell'Amur del Mare di Okhotsk, un paesaggio paludoso finemente strutturato e inaccessibile con laghi allungati.

Os desvios constantes do curso do rio transformaram a foz do Amur, no mar de Okhotsk, numa área pantanosa finamente segmentada e de difícil acesso, com lagos de forma alongada.

De ständiga ändringarna av flodloppet har skapat ett finmaskigt och svårtillgängligt sumplandskap med långsträckta sjöar nära Amurs mynning i Ochotska havet.

Satellite: WorldView-2
Acquisition Date: 2012-06-03

191

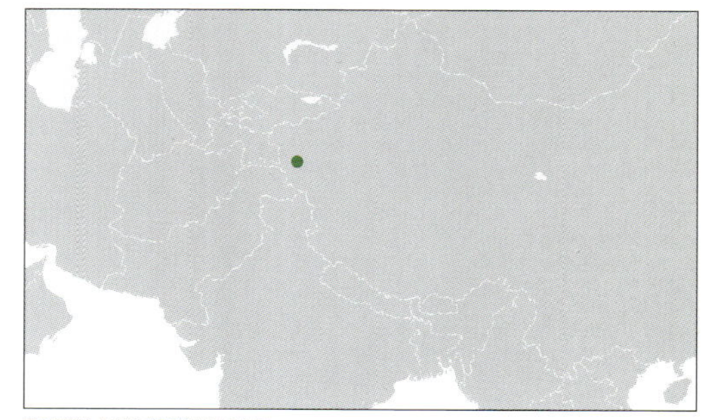

37°39.1' N / 76°44.1' E

M A F H S I T C P

KUNLUN SHAN

As the foothills of the Kunlun Shan reach the Tarim Basin, they climb to heights of up to 3000 m. The light shows the fine pattern of erosion in the soft stone.

Im Übergang zum Tarim-Becken erreichen die Ausläufer des Kunlun Shan noch Höhen bis 3000 m. Der Lichteinfall lässt hier das feine Erosionsmuster im weichen Gestein deutlich hervortreten.

À la jonction du bassin du Tarim, les contreforts de la Kunlun Shan atteignent encore des hauteurs pouvant aller jusqu'à 3000 m. Ici, la lumière met nettement en évidence la finesse de l'érosion dans la roche souple.

In de overgang naar de Tarimbekken bereiken de uitlopers van de Kunlun Shah nog een hoogte van 3000 m. De lichtinval laat hier duidelijk de fijne erosiepatronen in het zachte gesteente zien.

Alrededor de la cuenca de Tarim, las estribaciones del Kunlun Shan llegan hasta a 3000 m de altura. Aquí, la incidencia de luz subraya notoriamente los suaves efectos de la erosión en la roca delicada.

Nel passaggio verso il bacino del Tarim, le pendici del Kunlun Shan raggiungono un'altezza di 3000 m. L'incidenza della luce fa risaltare il fine disegno di erosione nella roccia morbida.

Na transição para a bacia de Tarim, os contrafortes do Kunlun Shan atingem altitudes de até 3000 m. A incidência da luz salienta aqui claramente o fino padrão de erosão da rocha pouco dura.

I övergången till Tarimbäckenet sträcker sig utlöpare från Kunlun Shan upp till 3000 m höjd. Ljuset gör här att fina erosionsmönster i mjuk sten framträder tydligt.

Satellite: IKONOS
Acquisition Date: 2002-02-26

193

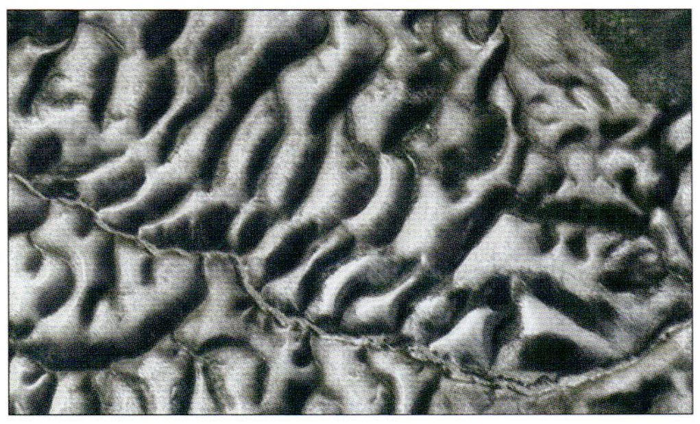

54°12.1' N / 142°41.5' E

M A F H S I T C P

SAKHALIN

This hilly island in far eastern Russia is covered with larch and spruce forests and mountain pines at higher elevations. Bears, foxes, reindeer and salmon constitute a major part of the fauna here.

Die hügelige Insel im Osten Russlands ist von Lärchen- und Fichtenwäldern bedeckt, die in höheren Lagen in Legföhren übergehen. Bären, Füchse, Rentiere und Lachse dominieren die Tierwelt.

Cette île vallonnée à l'est de la Russie est recouverte de forêts de mélèzes et d'épicéas qui laissent la place, en altitude, à des forêts de pins. Les ours, les renards, les rennes et les saumons sont parmi les principales espèces de l'île.

Het heuvelachtige eiland in het oosten van Rusland is met lariks- en sparbossen bedekt die op de hoger gelegen gebieden overgaan in bergpijnbomen. Beren, vossen, rendieren en zalm domineren de dierenwereld.

Esta isla con colinas del este de Rusia está cubierta de bosques de alerces y píceas, los cuales se transforman en pinos en los terrenos más altos. Osos, zorros, renos y salmones gobiernan el mundo animal de esta zona.

L'isola collinare nella parte orientale della Russia è ricoperta da boschi di larici e abeti rossi, che diventano, ad altitudini più elevate, pini mughi. Gli orsi, le volpi, le renne e i salmoni dominano la fauna.

Esta ilha acidentada, no leste da Rússia, está coberta por florestas de lariços e píceas que, nos pontos mais altos, dão lugar ao pinheiro-das-montanhas. Ursos, raposas, renas e salmões constituem a fauna dominante.

Den kuperade ön i östra Ryssland är täckt av lärk- och granskog, som i högre lägen går över i bergtallar. Björnar, rävar, renar och lax dominerar djurvärlden.

Satellite: GeoEye-1
Acquisition Date: 2011-02-14

195

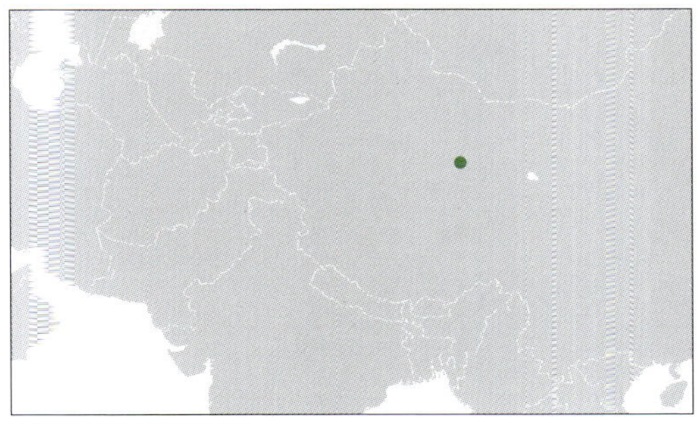

3[illegible]°13.5' N / 93°19.5' E

M A F H S I T C P

LENGHU

Above the large ring-shaped structures worn-away below the surface, the wind has created a dense pattern of yardangs, coloured by dark sand born by the winds.

Über den großflächigen Ringstrukturen des abgetragenen Untergrunds hat der Wind ein dichtes Muster von Yardangs herausgearbeitet. Hierher gewehter dunkler Sand betont diese Strukturen.

Au-dessus des sillons creusés dans le sol, le vent a façonné ce champ de yardangs, dont les reliefs sont mis en évidence par le sable foncé.

Over de grootschalige ringstructuren van de afgesleten ondergrond heeft de wind een hecht patroon van yardangs gecreëerd. Het hierheen gewaaide donkere zand benadrukt deze structuren.

Sobre las amplias estructuras anulares del llano subsuelo, el viento ha puesto de relieve una densa muestra de yardangs. La oscura arena revuelta realza estas estructuras.

Sulle grandi strutture ad anello del substrato abrasato, il vento ha elaborato una particolare formazione di Yardang. Qui la sabbia scura accumulata sottolinea queste strutture.

O vento criou, sobre as vastas estruturas circulares do substrato desgastado, um denso padrão de yardangs. Estas estruturas são realçadas pelas areias escuras até ali arrastadas pelo vento.

Över det stora området, som har ringform på grund av den underliggande strukturen, har vinden utarbetat ett tätt mönster av yardangar. Mörkare sand betonar dessa strukturer.

Satellite: WorldView-2
Acquisition Date: 2010-11-30

197

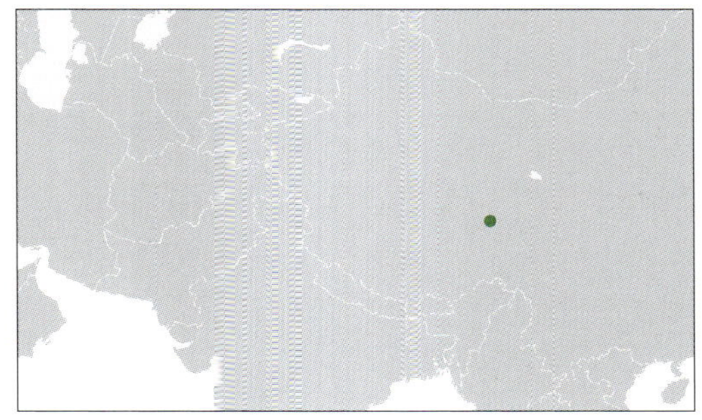

33°46.8' N / 95°32[illegible]' E

M A F H S I T C P

CHAOWULA SHAN

In Qinghai in eastern China lies the source of the Mekong River. At a height of some 5 000 m, wetlands form in the valleys surrounded by alpine grassland, where water flows from the mountains.

In Quinghai im Osten Chinas liegt der Quellbereich des Mekong-Flusses. In einer Höhe von etwa 5 000 m bilden sich zwischen alpinem Grasland am Talgrund Sümpfe, wo Wasser aus dem Gebirge austritt.

Le fleuve Mékong prend sa source à Qinghai, à l'est de la Chine. Des marais se forment à 5 000 m d'altitude, au fond d'une vallée de prairies alpines, là où l'eau jaillit des montagnes.

In Quinghai in het oosten van China ligt het brongebied van de Mekong rivier. Op een hoogte van zo'n 5 000 m ontstaan tussen het berggrasland in het dal moerassen waar het water uit de bergen stroomt.

En Quinghai, en el este de China, se encuentra la zona del nacimiento del río Mekong. A una altura de unos 5 000 m, el agua se escapa de la sierra, formando pantanos entre praderas alpinas junto a la cuenca del valle.

A Qinghai, nella parte orientale della Cina, c'è la sorgente del fiume Mekong. A un'altitudine di circa 5 000 m, tra le praterie alpine del fondovalle, si formano le paludi dove l acqua esce dalle montagne.

Em Quinghai, na China oriental, encontra-se a nascente do rio Mekong. A uma altitude de 5 000 m, por entre pastagens alpinas, formam-se pântanos no fundo dos vales, para onde escorre a água das montanhas.

I Quinghai i östra Kina ligger källorna till Mekongfloden. På en höjd av ungefär 5 000 m bildas sumpmarker mellan alpint gräsland i dalarna, där vatten kommer fram ur berget.

Satellite: QuickBird
Acquisition Date: 2008-09-05

199

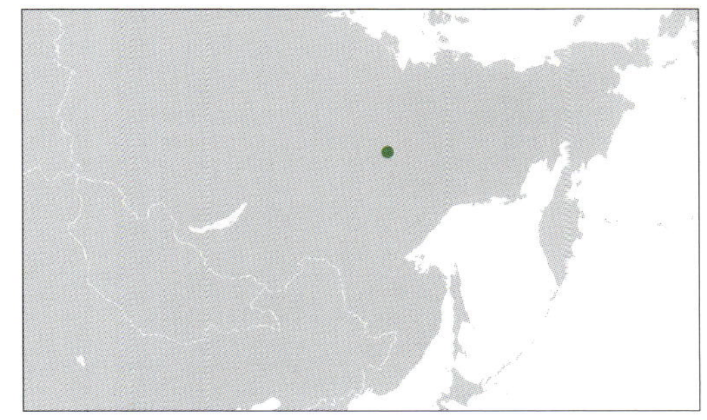

63°31.3' N / 130°35.4' E

M A F H S I T C P

KELE

The taiga in the Russian republic of Sakha is a dense pine forest. Regular flooding in the spring gives rise to extended wetlands in the permafrost area around the flood plains.

Die Taiga Jakutiens ist von dichtem Nadelwald geprägt. Regelmäßige Überschwemmungen im Frühjahr lassen im Permafrostgebiet um die Flussläufe ausgedehnte Sümpfe entstehen.

La taïga de Yakoutie est composée d'épaisses forêts d'épineux. Au printemps, les inondations régulières donnent naissance à de vastes marais débordant des fleuves, dans cette zone de permafrost.

De Taiga Jakutiens wordt door dichte naaldwouden gekenmerkt. Door regelmatige overstromingen in het voorjaar ontstaan in het permafrostgebied om de rivierlopen uitgebreide moerassen.

La taiga de la República de Sajá se caracteriza por el denso bosque de coníferas. Frecuentemente, las inundaciones de principios de año originan anchos pantanos en el terreno permafrost alrededor de las superficies inundadas.

La taiga della Yakutia è caratterizzata da fitti boschi di conifere. Le inondazioni regolari dell'inizio dell'anno possono creare vaste paludi nella zona permafrost intorno ai fiumi.

A taiga do Iacuto caracteriza-se por uma densa floresta de coníferas. As inundações regulares pela primavera levam à formação, na zona do permafrost, de vastos pântanos ao longo do curso dos rios.

Den jakutsiska taigan präglas av tät barrskog. Regelbundna översvämningar på våren gör att det bildas sumpmarker där flodernas lopp däms upp i permafrostområdet.

Satellite: QuickBird
Acquisition Date: 2006-07-14

201

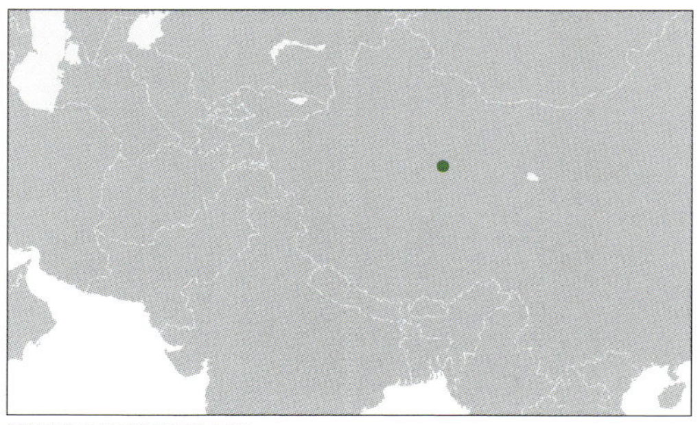

38°12.8' N / 91°41.7' E

M A F H S I T C P

YOUSHASHAN

A thin layer of snow shows the layers of sedimentary stone laid bare by erosion at the edge of the Youshashan. Tear-drop shaped cliffs, called yardangs, show the impact of the wind.

Eine dünne Schneeschicht lässt die durch Erosion freigelegten Schichten des Sedimentgesteins am Rand des Youshashan hervortreten. Tropfenförmige Felsen, Yardangs, zeugen von der Wirkung des Winds.

Une fine couche de neige fait ressortir les couches de sédiments formées par l'érosion au bord du Youshashan. Les roches en forme de gouttes et les yardangs témoignent de la force du vent.

Een dunne laag sneeuw doet de door erosie blootgelegde lagen van het sedimentgesteente aan de rand van de Youshashan goed uitkomen. Druppelvormige rotsen, zogeheten Yardangs, getuigen van de werking van de wind.

Una fina capa de nieve subraya las visibles capas de roca estratificada por la erosión junto al borde de Youshashan. Las piedras en forma de gota y los yardangs son el resultado del efecto del viento.

Un sottile strato di neve lascia scoperti gli strati di roccia sedimentaria erosi al bordo del Youshashan. Rocce erose a forma di goccia e Yardang testimoniano l'effetto del vento.

A fina camada de neve não esconde os estratos de rochas sedimentares postos a nu pela erosão na orla do Youshashan. Os yardangs, rochedos em forma de lágrima, testemunham a ação do vento.

Ett tunt snölager låter de genom erosion frilagda sedimentlagren på randen av Youshashan framträda. Droppformade klippor, yardangs, visar vindens verkan.

Satellite: GeoEye-1
Acquisition Date: 2010-10-19

203

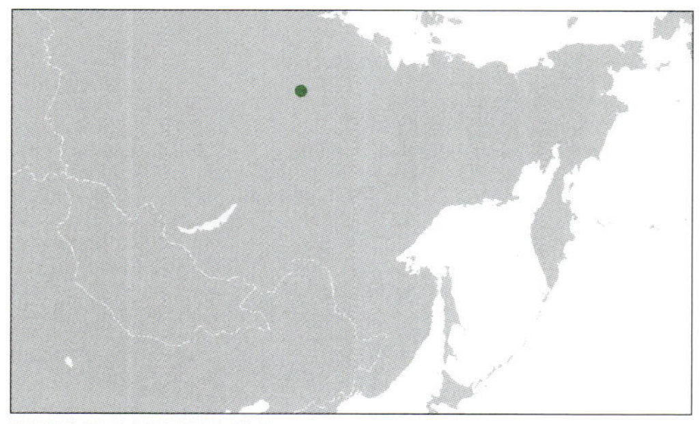

66°39.6' N / 111°13.0' E

M A F H S I T C P

POLJARNYI

Characteristic drainage patterns mark these ancient cliff formations in the Middle Siberian mountains. Near the northern tree line, the taiga forest is already becoming less dense.

In die uralten Felsformationen im Mittelsibirischen Bergland haben sich charakteristische Abflussmuster geprägt. Nahe der nördlichen Baumgrenze ist der Wald der Taiga bereits stark aufgelockert.

Des marques d'érosion apparaissent clairement dans les anciennes formations rocheuses de cette région montagneuse en Sibérie centrale. Vers le nord, cette immense forêt qu'est la taïga est déjà plus clairsemée.

In de oeroude rotsformaties van het mid-Siberische bergland hebben zich karakteristieke rivierpatronen gevormd. In de buurt van de noordelijke boomgrens is het Taigabos al behoorlijk uitgedund.

La antigua formación de roca de la montaña siberiana central se caracteriza por la particularidad de sus caudales. Cerca del norteño límite de arboledas, el bosque de Taiga está ya muy distendido.

Nelle antiche formazioni rocciose delle montagne della Siberia centrale si notano le caratteristiche strutture di erosione. Vicino al confine settentrionale la foresta della taiga è stata notevolmente dissodata.

Nas primitivas formações rochosas do Planalto Central Siberiano ficaram marcados padrões característicos de canais de descarga. Perto da linha de árvores setentrional, a floresta de coníferas apresenta já grandes abertas.

I de urgamla klippformationerna i det mellansibiriska berglandet har det skapats karakteristiska avflödesmönster. Nära den nordliga trädgränsen är skogen på taigan starkt urglesad.

Satellite: WorldView-2
Acquisition Date: 2010-07-16

205

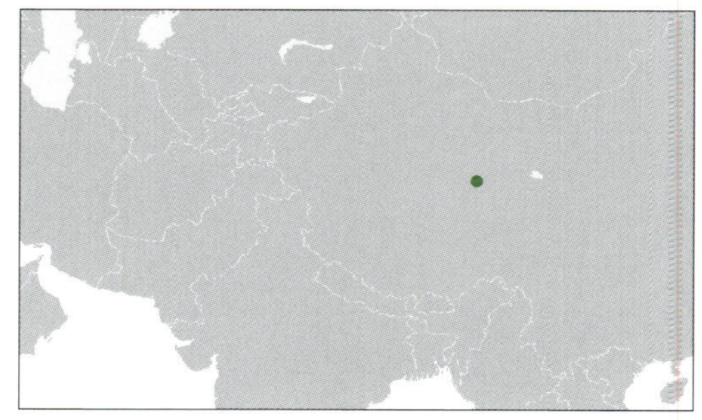

36°38.0' N / 94°21.3' E

M A F H S I T C P

QAIDAM PENDI

Local systems of crescent and longitudinal dunes dot the plains of the Qaidam Basin at the northern edge of the Marco Polo mountains northeast of the Tibetan highlands.

Kleinräumige Systeme von Sichel- und Längsdünen prägen die an den Nordrand des Marco-Polo-Gebirges anschließenden Ebenen im Qaidam-Becken nordöstlich des Tibetischen Hochlands.

Ces petits massifs de dunes longitudinales, en forme de croissant, sont caractéristiques de la région du bassin du Qaidam jouxtant le versant nord des montagnes de Marco Polo, au nord-est des hauts plateaux tibétains.

Kleinschalige systemen van sikkel- en lengteduinen vormen de vlakte aan de noordrand van het Marco-Polo-gebergte in het Qaidambekken ten noordoosten van het Tibetaanse hoogland.

Sistemas a pequeña escala de dunas crecientes y longitudinales caracterizan la explanada del lado norte de la sierra de Marco Polo en la cuenca de Qaidam, el noreste del altiplano tibetano.

I piccoli sistemi di dune longitudinali a forma di falce caratterizzano la zona del Qaidam adiacente al margine settentrionale della montagna di Marco Polo nel bacino nord-est degli altipiani tibetani.

Os sistemas de dunas longitudinais e transversais, de pequenas dimensões, caracterizam as planícies adjacentes aos contrafortes setentrionais das montanhas Marco Polo, na bacia de Qaidam, a nordeste das terras altas do Tibete.

Mikrosystem av dyner, formade som skåror och längsgående, präglar nivåerna intill nordranden av Marco Polo-bergen i Qaidambäckenet, i nordöstra delen av det tibetanska höglandet.

Satellite: IKONOS
Acquisition Date: 2007-12-09

207

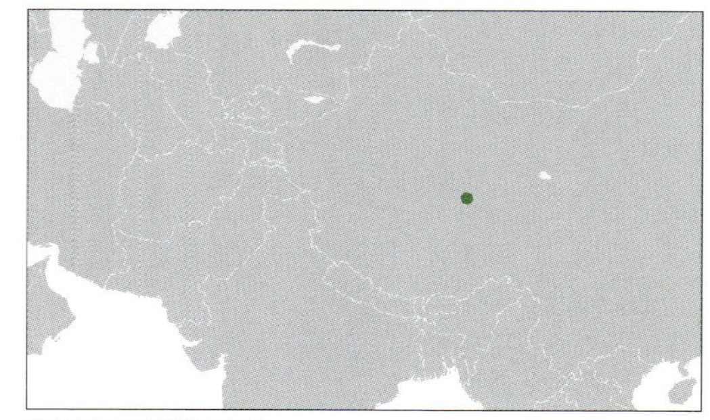

35°33.4' N / 92°45.4' E

M A F H S I T C P

HOH XIL

Despite the harsh climate at more than 4800 m above sea level, this nature reserve in western China is home to numerous species of animals such as wild yaks, wild asses, brown bears and the Tibetan antelope.

Trotz des harschen Kimas in einer Höhe von 4800 m ist das Naturschutzgebiet im Westen Chinas Heimat für zahlreiche Tierarten wie Wildyaks, Wildesel, Braunbären und Tibetische Antilopen.

Malgré un climat rude et une altitude de 4800 m, cette réserve naturelle de l'ouest de la Chine accueille de nombreuses espèces animales, dont des yaks et des ânes sauvages, des ours bruns et des antilopes tibétaines.

Ondanks het harde klimaat op een hoogte van 4800 m vormt het beschermde natuurgebied in het westen van China een leefgebied voor talrijke diersoorten als de wilde jak, de bruine beer en de Tibetaanse antilope.

A pesar de la hostilidad de un clima a 4800 m de altura, la reserva ecológica del oeste de China es el hogar de gran cantidad de animales como yaks y asnos salvajes además de osos pardos y antílopes tibetanos.

Nonostante un clima molto duro a un'altitudine di 4800 m, la riserva naturale nella parte occidentale della Cina è un habitat ideale per molte specie di animali come lo yak selvatico, l'asino selvatico, le antilopi tibetane e l'orso bruno.

Apesar do rigor do clima a uma altitude de 4800 m, esta reserva natural na China ocidental abriga numerosas espécies animais, tais como iaques selvagens, burros selvagens, ursos-pardos e antílopes-tibetanos.

Trots det kärva klimatet på en höjd av 4800 m är naturskyddsområdet i västra Kina hem för talrika djurarter som vilda jakar, vildåsnor, brunbjörnar och tibetanska antiloper.

Satellite: GeoEye-1
Acquisition Date: 2009-03-24

211

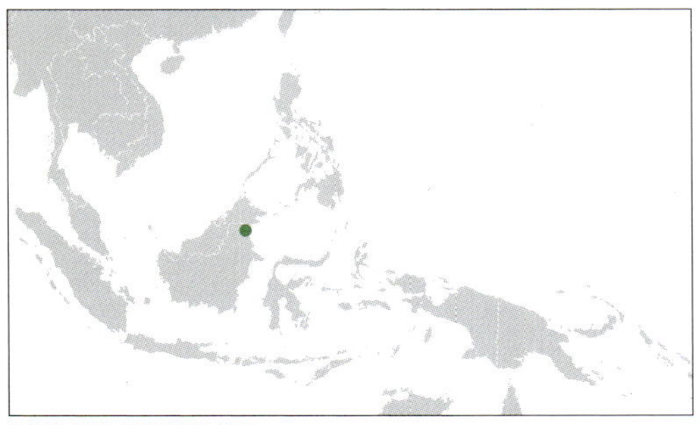

3°46.3' N / 117°14.6' E

M A F H S I T C P

SOENGAI LINOEANGKAJAN

Next to the dense mangrove forest on the banks of the Soengai Linoeangkajan on Kalimantan is an impenetrable rain forest home to orangutans.

An den dichten Mangrovenwald am Ufer des Soengai Linoeangkajan auf Kalimantan schließt sich undurchdringlicher Regenwald an. In dieser tropischen Umgebung sind Orang-Utans beheimatet.

Une épaisse forêt pluviale vient se mélanger à l'épaisse forêt de mangrove bordant les berges du fleuve Soengai Linoeangkajan. Cet environnement tropical abrite des orangs-outans.

Achter het dichte mangrovebos aan de oever van de Soengai Linoeangkajan op Kalimantan sluit een ondoordringbaar regenwoud aan. In deze tropische omgeving wonen de orang-oetangs.

Al denso manglar en la orilla del Soengai Linoeangkajan sobre Kalimantan, se le une la impenetrable selva tropical. Los orangutanes son oriundos de esta zona tropical.

Alla fitta foresta di mangrovie sulle rive del Soengai Linoeangkajan sul Kalimantan si unisce la foresta pluviale impenetrabile. Questo ambiente tropicale è ideale per l'orango.

Adjacente ao denso mangal nas margens do Soengai Linoeangkajan, em Kalimantan, encontra-se uma floresta pluvial impenetrável. Neste ambiente tropical vivem orangotangos.

I den täta mangroveskogen på bankarna av Soengai Linoeangkajan i Kalimantan sluter sig ogenomtränglig regnskog. I denna tropiska omgivning bor orangutanger.

Satellite: IKONOS
Acquisition Date: 2002-05-14

213

6°50.2' S / 105°25.7' E

M A F H S I T C P

TANJUNG RANJANG

The lowland rain forest in the Ujung Kulon National Park on the western tip of Java is the last remaining habitat for the Javan rhinoceros. Crocodiles are also a common sight among the mangrove trees on the river banks.

Der Tieflandregenwald im Nationalpark Ujung Kulon an der Westspitze Javas bietet den letzten Java-Nashörnern Indonesiens Lebensraum. Krokodile sind in den Mangroven am Ufer häufig.

La forêt pluviale des plaines du parc national Ujung Kulon, situé à l'extrémité occidentale de l'île de Java, abrite les derniers rhinocéros de Java. Les crocodiles sont nombreux dans les mangroves et sur les rives des cours d'eau.

Het laaglandregenwoud in het Nationaal Park Ujung Kulon op de westpunt van Java biedt levensruimte aan de laatste Javaanse neushoorns in Indonesië. Krokodillen zijn in de mangrove aan de oever in groten getale aanwezig.

La selva tropical de tierras bajas del parque nacional Ujung Kulon junto al pico occidental de Java representa el último hogar de Indonesia para los rinocerontes de Java. Los cocodrilos son frecuentes en los manglares de la orilla.

La foresta pluviale nell'Ujung Kulon National Park, sulla punta occidentale di Java, offre ai rinoceronti di Java in Indonesia un ultimo habitat. I coccodrilli sono comuni tra le mangrovie sulla costa.

A floresta pluvial nas terras baixas do Parque Nacional de Ujung Kulon, na ponta ocidental de Java, constitui o habitat dos últimos rinocerontes-de-java na Indonésia. Nos manais junto à costa são frequentes os crocodilos.

Den låglänta regnskogen i nationalparken Ujung Kulon på Javas västspets ger Indonesiens sista javanoshörningar livsrum. Krokodiler är vanliga på stranden i mangroveträsken.

Satellite: QuickBird
Acquisition Date: 2003-07-13

215

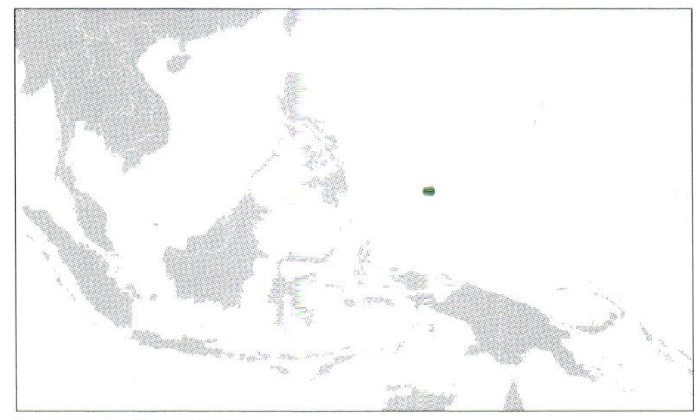

7°10.4' N / 134°22.0' E

M A F H S I T C P

CHELBACHEB

The islands were originally a coral reef, which was lifted tectonically and formed by fire into mushroom-shaped cliffs. Eil Malk is home to Jellyfish lake separated from the sea.

Die Inseln waren ursprünglich ein Korallenriff, das tektonisch gehoben und durch die Brandung zu pilzförmigen Felsen geformt wurde. Auf Eil Malk liegt ein vom Meer abgetrennter Quallensee.

À l'origine, ces îles étaient un massif corallien soulevé lors de mouvements tectoniques, et dont les rochers ont été façonnés en forme de champignons par les marées.

De eilanden waren oorspronkelijk een koraalrif dat tektonisch verhoogd is en door de branding tot champignonvormige rotsen afgesleten. Op Eil Malk bevindt zich een van de zee afgescheiden kwallenmeer.

Las islas eran originariamente un arrecife de coral, el cual se formó con la elevación tectónica y el embate contra rocas en forma de hongo. En la isla Eil Malk yace un lago de medusas separado por el mar.

Le isole erano originariamente una barriera corallina e sono state sagomate, grazie alla marea, in pietre fungiformi. Sopra l'isola di Eil Malk si trova il lago di meduse separato dal mare.

Estas ilhas eram originalmente um recife de coral, tendo sofrido um levantamento tectônico e adquirido a forma de cogumelos, devido à erosão das vagas. Em Eil Malk há o chamado "lago das medusas", separado do mar.

Öarna var ursprungligen ett korallrev, som formats genom tektonisk höjning och genom svampformiga klippor. På Eil Malk ligger en manetsjö som är avgränsad från havet.

Satellite: QuickBird
Acquisition Date: 2004-03-06

217

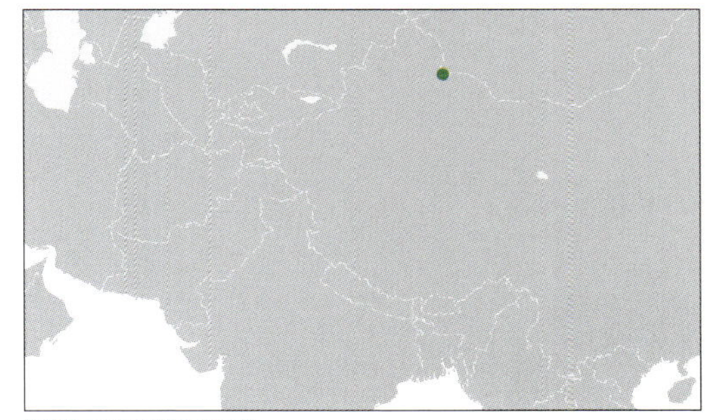

45°0.1' N / 90°55.2' E

M A F H S I T C P

BAYTIK SHAN

Near the Chinese border with Mongolia, extensive alluvial fans have formed where the Baytik Shan flows into the Dsungarei. The water seeps away quickly into the numerous dry valleys.

Nahe der Grenze Chinas zur Mongolei haben sich im Übergang des Baytik Shan in die Ebene des Dsungarei ausgedehnte Schwemmfächer ausgebildet. In den zahlreichen Trockentälern versickert das Regenwasser rasch.

Ces immenses cônes alluviaux se sont formés près de la frontière entre la Chine et la Mongolie, plus précisément là où les monts Baytik Shan rejoignent la Djoungarie. L'eau de pluie s infiltre très rapidement dans ces nombreuses vallées asséchées

Nabij de grens tussen China en Mongolië hebben zich in de overgang van de Baytik Shan in Dzjoengarije uitgebreide puinwaaiers gevormd. In de vele droge dalen sijpelt het regenwater snel weg.

Cerca de la frontera china con Mongolia, se han desarrollado extensas superficies de aluviones alrededor de Baytik Shan en Dsungarei. En los lugares donde los valles están secos, el agua de la lluvia es absorbida rápidamente.

Vicino al confine tra China e Mongolia si sono formate delle vaste pianure alluvionali sul passaggio del Baytik Shan in Zungaria. Nelle numerose valli asciutte, l'acqua piovana si disperde rapidamente.

Perto da fronteira entre a China e a Mongólia, na transição do Baytik Shan para a Jungaria, formaram-se leques aluviais. Nos numerosos vales secos, a água da chuva escoa-se rapidamente.

Nära den kinesiska gränsen mot Mongoliet har Baytik Shan bildat uttalade fickor i Dsungarei. I de många torra dalarna sugs regnvattnet snabbt upp.

Satellite: IKONOS
Acquisition Date: 2003-06-20

219

6°30.5' S / 155°36.4' E

M A F H S I T C P

LOLORU

A crescent-shaped lake fills an older volcanic crater on Bougainville Island, part of the Solomon Islands. The mountains on the island are covered with rain forest.

Ein halbmondförmiger See füllt einen älteren Krater des Vulkans auf der Bougainville Island, Teil des Salomonen-Archipels. Das Bergland der Insel ist von tropischem Regenwald bedeckt.

Un lac en forme de demi-lune emplit un ancien cratère de ce volcan situé sur l'île de Bougainville, qui fait partie des Îles Salomon. La région montagneuse de l'île est recouverte de forêts tropicales humides.

Een halvemaanvormig meer vult een oude krater van de vulkaan op het eiland Bougainville, onderdeel van de Solomoneilanden. Het bergland van het eiland wordt met tropisch Solomonregenwoud bedekt.

Un lago en forma de media luna llena un antiguo cráter de volcán en la isla Bougainville, parte del archipiélago de las islas Salomón. La montaña de la isla está cubierta de selva tropical.

Un lago a forma di mezzaluna riempie un antico cratere del vulcano sull'isola di Bougainville, che fa parte dell'arcipelago delle Isole Salomone. L'altopiano dell'isola è ricoperto dalla foresta pluviale tropicale dell'isola di Salomone.

Um lago em forma de meia-lua preenche uma antiga cratera do vulcão da ilha Bougainville, parte das Ilhas Salomão. As montanhas da ilha estão cobertas por uma floresta pluvial tropical.

En halvmånformig sjö fyller en äldre krater i vulkanen på ön Bougainville, som är en del av Salomonöarna. Bergslandskapet på ön är täckt av tropisk Salomonregnskog.

Satellite: WorldView-2
Acquisition Date: 2011-06-02

221

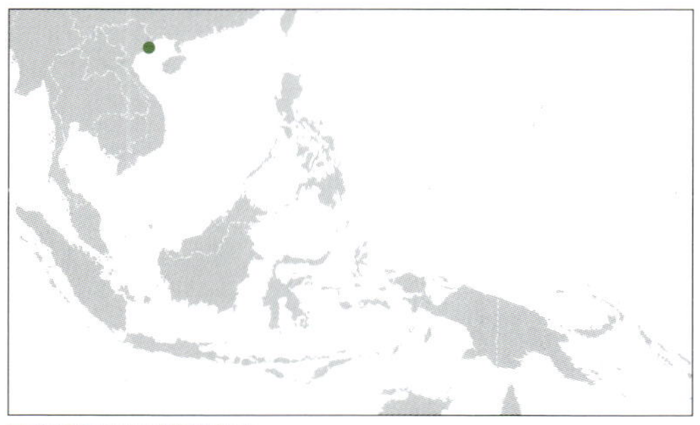

20°47.8' N / 107°5.1' E

M A F H S I T C P

VINH HA LONG

More than 2000 chalk cliffs along the Vietnamese coast in the Gulf of Tonkin were formed by the subsidence of a conical karst landscape. Tropical rain forest and a rich underwater habitat set these islands apart.

Die etwa 2000 Kalkfelsen im Golf von Tonkin vor Vietnam entstanden durch das Absinken einer Kegelkarstlandschaft. Tropischer Regenwald und eine vielfältige Unterwasserwelt zeichnen die Inseln aus.

Les quelques 2000 îlots rocheux calcaires parsemant la partie vietnamienne du golfe du Tonkin sont apparus suite au lent effondrement du relief conique karstique.

De ongeveer 2000 kalkrotsen in de Golf van Tonkin voor Vietnam zijn ontstaan door het wegzinken van het karstgebied. Het gebied onderscheidt zich door het tropische regenwoud en de verscheidenheid van de onderwaterwereld.

Las aproximadamente 2000 calicias del golfo de Tonkin, situado delante de Vietnam, se originaron debido al hundimiento de un paisaje kárstico cónico. La selva tropical y un variado mundo submarino se distinguen en la isla.

Le quasi 2000 isolette calcaree nel Golfo del Tonchino al largo del Vietnam si sono formate con lo sprofondamento del paesaggio carsico. La foresta pluviale tropicale e una variegata vita marina caratterizzano queste isole.

Os cerca de 2000 rochedos calcários existentes no golfo de Tonquim, no Vietnam, tiveram a sua origem no afundamento de um sistema cárstico. Estas ilhas estão cobertas por floresta pluvial tropical e contam com um mundo subaquático muito diversificado.

Omkring 2000 kalkklippor i Tonkinbukten utanför Vietnam har uppstått genom att ett kågelkarstlandskap sjunkit. Tropisk regnskog och en rik undervattensvärld är betecknande för ön.

Satellite: IKONOS
Acquisition Date: 2003-05-05

223

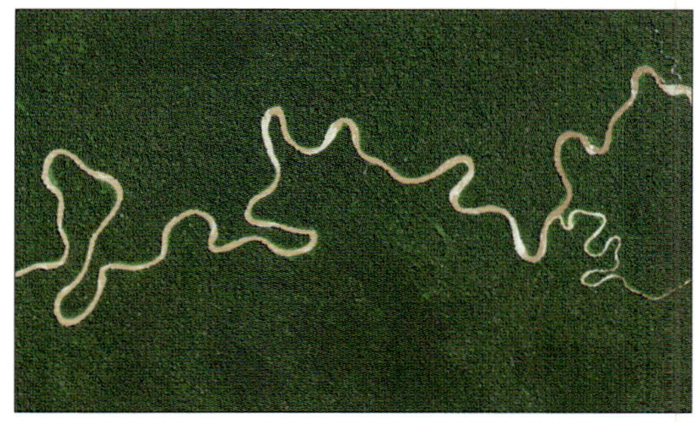

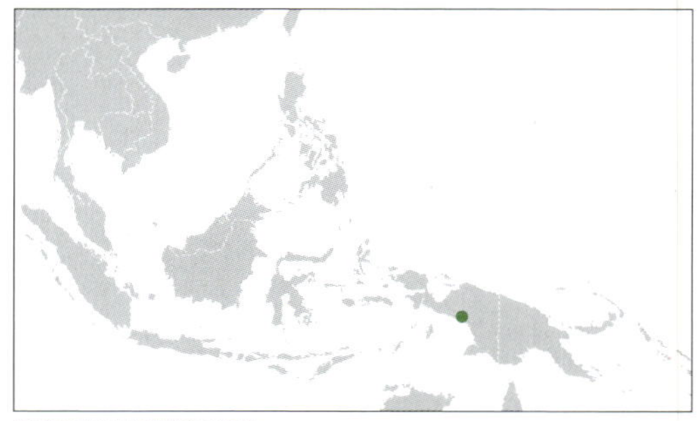

4°38.2' S / 137°34.8' E

M A F H S I T C P

AKIMEUGAH

The Akimeugah flows through Lorentz National Park. The mangrove and lowland rain forests here are home to a rich diversity of species, including tree kangaroos and many tropical birds.

Der Akimeugah durchfließt den Lorentz-Nationalpark. Dieser beherbergt im Mangrovenwald und im Tieflandregenwald einen großen Artenreichtum, darunter Baumkängurus und viele tropische Vogelarten.

L'Akimeugah traverse le parc national Lorentz. De nombreuses espèces habitent la forêt de mangrove et la forêt pluviale, dont des kangourous arboricoles et des oiseaux tropicaux.

De Akimeugah stroomt door het Nationaal Park Lorentz. Dit park herbergt in het mangrovebos en het laaglandregenwoud een grote rijkdom aan diersoorten, waaronder boomkangoeroes en vele tropische vogelsoorten.

El río Akimeugah recorre el parque nacional de Lorentz. En los manglares y la selva tropical de tierras bajas habitan una gran variedad de especies, como canguros de árbol y muchas clases de aves tropicales.

L'Akimeugah scorre attraverso il Parco Nazionale Lorentz, che ospita nella foresta di mangrovie e nella foresta pluviale di pianura una grande varietà di specie, tra cui i canguri albero e molte specie di uccelli tropicali.

O Akimeugah atravessa o Parque Nacional de Lorentz, que abriga, no mangal e na floresta pluvial das terras baixas, uma enorme riqueza em espécies, incluindo cangurus-arborícolas e numerosas espécies de aves tropicais.

Akimeugah flyter genom nationalparken Lorentz. Den ger plats för stor artrikedom i mangroveskogen och i den låglänta regnskogen, där trädkängurur och många tropiska fåglarter lever.

Satellite: QuickBird
Acquisition Date: 2004-11-24

227

24°9.1' S / 132°55.5' E

M A F H S I T C P

FINKE GORGE

In the middle of the Australian Outback near Alice Springs, the Finke River breaks through many layers of stone and carves out a huge gorge. Finke River is meant to be one of the oldest rivers on earth.

Inmitten des australischen Outbacks, nahe der Stadt Alice Springs, durchbricht der Finke River mit seiner Schlucht die dort aufgefalteten Gesteinsschichten. Er wird als einer der ältesten Flüsse der Erde bezeichnet.

Au cœur de l'outback australien, près de la ville d'Alice Springs, le fleuve Finke – l'un des plus anciens du monde – traverse des couches rocheuses plissées et forme cette gorge.

Midden in de Australische outback, vlakbij de stad Alice Springs, doorbreekt een van de oudste rivieren op aarde, Finke River, de blootgelegde steenlagen in een kloof.

En medio del Outback australianos, cerca de la ciudad Alice Springs, fluye el río Finke, considerado uno de los ríos más antiguos del planeta, en una garganta abierta de estrato rocoso.

Nel mezzo dell'outback australiano, vicino alla città di Alice Springs, si fa largo in una gola di roccia stratificata uno dei fiumi più antichi della terra, il fiume Finke.

Em pleno Outback australiano, perto da cidade de Alice Springs, o Finke River, que é considerado como o rio mais antigo do mundo, atravessa uma garganta formada por estratos rochosos dobrados.

Mitt i Australiens Outback, nära staden Alice Springs, rinner en av jordens äldsta floder, Finke River, genom en djup ravin med många stenskikt.

Satellite: GeoEye-1
Acquisition Date: 2009-06-14

229

15°10.8' S / 135°39.4' E

M A F H S I T C P

LIMMEN BIGHT RIVER

At the north Australian Gulf of Carpentaria, a ramified river system with mangroves, sand and mud flats, is a natural habitat for saltwater crocodiles, turtles, and sea cows.

Im verästelten Mündungsbereich des Flusses am nordaustralischen Golf von Carpentaria bieten Mangroven so wie Sand- und Schlickflächen Lebensraum für Salzwasserkrokodile, Wasserschildkröten und Dugongs.

Au nord de l'Australie, les ramifications de l'embouchure du fleuve, dans le golfe de Carpentarie, les mangroves et les étendues de sable et de vase abritent des crocodiles, des tortues de mer et des dugongs.

In het vertakte mondingsgebied van de rivier in het noorden van Australië bij de Golf van Carpentaria bieden mangrove en zand- en slijkvlakken levensruimte voor zoutwaterkrokodillen, waterschildpadden en doejoengs.

En la ramificada desembocadura del río, al lado del golfo de Carpentaria al norte de Australia, los manglares y superficies arenosas y de cieno ofrecen un lugar para vivir a cocodrilos de agua salada, tortugas marinas y dugongos.

Nelle ramificazioni dell'estuario del fiume sul Golfo di Carpentaria a nord dell'Australia, le mangrovie e le pianure di sabbia e fango offrono habitat ideali a coccodrilli d'acqua salata, tartarughe e dugonghi.

Na foz muito ramificada do rio, no golfo de Carpentária, no norte da Austrália, os mangais, areais e lodaçais constituem o habitat para crocodilos-de-água-salgada, tartarugas aquáticas e dugongues.

I flodmynningsområdet i nordaustraliensiska Carpentariaviken ger mangrove och sand- och slipytor rum för saltvattenskrokodiler, vattensköldpaddor och dugonger.

Satellite: GeoEye-1
Acquisition Date: 2010-10-29

231

12°18.7' S / 133°55.4' E

M A F H S I T C P

MOUNT GILRUTH

These ancient, battered cliff formations in north Australia's Arnhem Land are formed by several fissures, through which water flows, succeeded by vegetation.

Die alten, stark verwitterten Felsformationen im nordaustralischen Arnhem Land sind durch zahlreiche Bruchlinien gegliedert, denen die Wasserläufe und damit die Vegetation folgen.

Très érodées, ces anciennes formations rocheuses se situent en terre d'Arnhem, au nord de l'Australie. Elles sont traversées par de nombreuses lignes de faille que suivent les cours d'eau et qui permettent à la végétation de pousser.

De oude, enorm verweerde rotsformaties in Arnhem Land in het noorden van Australië zijn door talrijke breuklijnen verdeeld. Deze worden gevolgd door de waterlopen en daarmee ook de vegetatie.

Las viejas y erosionadas formaciones rocosas en la región al norte de Australia, Arnhem están divididas por líneas fracturadas que siguen la corriente de agua y, con ello, también la vegetación.

Le antiche e numerose formazioni rocciose nella Terra di Arnhem, in Australia settentrionale, sono divise da numerose linee di faglia, dove l'acqua scorre, seguendo così la vegetazione.

As antigas e muito erodidas formações rochosas de Arnhem Land, no norte da Austrália, são percorridas por numerosas fissuras, por onde escorre a água e vinga a vegetação.

De gamla och starkt förvittrade klippformationerna i nordaustraliensiska Arnhem Land bryts av talrika linjer, där vattendrag och därmed vegetation följer.

Satellite: WorldView-2
Acquisition Date: 2011-06-16

233

27°46.0' S / 141°58.1' E

M A F H S I T C P

COOPER CREEK

This Australian creek flows into Lake Eyre when it has water in it, although the creek has only succeeded in reaching the lake once in the past 25 years. It splits into a dense network of tributaries throughout the flat land.

Der nur zeitweise wasserführende Fluss in Australien führt zum Eyre-See, den er aber nur einmal in 25 Jahren erreicht. Im flachen Gelände spaltet er sich in ein dichtes Netzwerk von Flussarmen auf.

Ce fleuve australien, qui ne coule que par intermittence, mène au lac Eyre, qu'il ne rejoint qu'une fois tous les 25 ans. Il traverse des étendues plates où il se divise en nombreux bras et forme un réseau fluvial très dense.

De zo nu en dan stromende rivier in Australië leidt naar het Eyremeer, die hij echter maar eens per 25 jaar bereikt. In het vlakke land vertakt hij zich in een hecht netwerk van rivierarmen.

Este río australiano desemboca en el lago Eyre cuando lleva agua, al cual solo ha llegado una vez en 25 años. En terrenos planos se divide en una densa red de afluentes.

Questo fiume che scorre solo di tanto in tanto in Australia conduce al lago Eyre, che però riesce a raggiungere solo una volta ogni 25 anni. In pianura, si divide in una fitta rete di affluenti del fiume.

Este rio temporário australiano desagua no lago Eyre, onde só chega uma vez em cada 25 anos. No terreno plano, o rio divide-se numa densa rede de braços fluviais

Den endast tidvis vattenförande floden i Australien leder mot Eyresjön, som den bara når en gång vart 25:e år. I det flacka området förgrenar den sig i ett tätt nätverk av flodarmar.

Satellite: QuickBird
Acquisition Date: 2007-05-07

235

21°36.7' S / 122°57.4' E

M A F H S I T C P

KARLAMILYI

The Great Sandy Desert in western Australia is home to longitudinal dunes of up to 40 km in length in the national park surrounding Lake Dora. Dingoes and feral camels are at home in the hot and dry environment.

Bis zu 40 km lange Längsdünen der Great Sandy Desert durchziehen den Nationalpark um den Lake Dora in Westaustralien. Alexandrasittich, Dingos und verwilderte Kamele bewohnen die trocken-heiße Umwelt.

Les dunes longitudinales du grand désert de sable (Great Sandy Desert) peuvent atteindre 40 km de long et traversent le parc national autour du lac Dora, en Australie occidentale. Les perruches alexandre, les dingos et les chameaux sauvages vivent dans cet environnement sec et chaud.

Lengteduinen van wel 40 km lang liggen in de Great Sandy Desert van het nationale park om Lake Dora in het westen van Australië. De Prinses van Wales-parkiet, dingo's en wilde kamelen bewonen deze hete, droge omgeving.

Las dunas longitudinales del desierto Great Sandy recorren hasta 40 km del parque nacional, alrededor del lago Dora en el oeste de Australia. Periquitos alejandrinos, dingos y camellos salvajes cohabitan en este seco y caluroso entorno.

Le dune longitudinali lunghe 40 km del Great Sandy Desert si inoltrano nel Parco Nazionale intorno al lago Dora, nell'Australia occidentale. Il pappagallo di Alexandra, il dingo e i cammelli selvatici popolano questa zona calda e asciutta.

O parque nacional em volta do lago Dora, na Austrália ocidental, é atravessado pelas dunas longitudinais do Great Sandy Desert, que chegam aos 40 km de comprimento. Este ambiente quente e seco é habitado por periquitos-princesa, dingos e camelos selvagens.

De upp till 40 km långa, längsgående dynerna i Great Sandy Desert genomkorsar nationalparken runt Lake Dora i västra Australien. Papegojor, dingos och förvildade kameler bebor detta torra och heta område.

Satellite: QuickBird
Acquisition Date: 2005-07-15

237

12°11.4' S / 134°7.8' E

M A F H S I T C P

MANN RIVER

The river winds its way towards its mouth connecting it to the Arafura Sea in northwest Australia's Arnhem Land, hemmed in by dense mangrove forests.

Die ausgeprägten Flussschlingen nahe der Mündung des Flusses in die Arafurasee vor dem Arnhem Land in Nordwest-Australien sind von dichten Mangrovenwäldern gesäumt.

D'épaisses forêts de mangrove bordent les boucles prononcées de la rivière, près de son embouchure dans la mer d'Arafura, qui borde la terre d'Arnhem, au nord-ouest de l'Australie.

De uitgesproken vervlochten rivieren vlakbij de monding van de rivier in het Arafurameer in Arnhem Land in het noordwesten van Australië worden omzoomd door mangrovebossen.

Los acentuados cuellos fluviales, cerca del río en el lago Arafura situado enfrente de Arnhem (noroeste de Australia), están rodeados de densos manglares.

Le anse del fiume, nei pressi della foce del fiume nel mare Arafura di fronte al Terra di Arnhem nel nord-ovest dell'Australia sono costeggiate da fitte foreste di mangrovie.

Os acentuados meandros perto da foz do rio, no mar de Arafura, frente a Arnhem Land, no noroeste da Austrália, são bordejados por densos mangais.

Flodslingorna nära mynningen av floden i Arafurasjön utanför Arnhem Land i nordvästra Australien är täckta av täta mangroveskogar.

Satellite: GeoEye-1
Acquisition Date: 2009-10-16

239

23°47.9' S / 141°1.4' E

M A F H S I T C P

DIAMANTINA

The source of Australia's Lake Eyre is located among longitudinal dunes at the edge of the Simpson Desert. This habitat is home to marsupials such as the bilby, but also to numerous birds such as the plains wanderer and migratory falcons.

Der Zufluss des australischen Eyresees trifft sich mit Längsdünen, Ausläufer der Simpson Desert. Hier leben Beuteltiere wie der Bilby, aber auch zahlreiche Vögel, wie Steppenläufer und Wanderfalken.

Cet affluent du lac Eyre, en Australie, traverse les dunes longitudinales aux portes du désert de Simpson. C'est ici que vivent des marsupiaux comme le bilby, mais également de nombreux oiseaux, comme le pédionome errant et le faucon pèlerin.

De toevoer van het Australische Eyremeer treft de lengteduinen, uitlopers van de Simpson Desert. Hier leven buideldieren zoals de Bilby, maar ook veel soorten vogels zoals de steppenloper en de trekvalk.

La fuente del lago australiano Eyre se encuentra entre dunas longitudinales en las estribaciones del desierto Simpson. Aquí viven marsupiales como el bilbi, pero también gran cantidad de aves como el torillo australiano y el halcón peregrino.

L'afflusso del lago Eyre australiano si incontra con dune longitudinali ai piedi del deserto di Simpson. Qui, in mezzo agli arbusti, vivono marsupiali come il Bilby, e numerosi uccelli come il falco pellegrino.

Este afluente do lago Eyre, na Austrália, passa pelas dunas longitudinais que constituem a orla do deserto de Simpson. Para além de marsupiais, como o bilby, vivem também aqui numerosas aves, como pedionomídeos e falcões-peregrinos.

Tillflödet till den australiensiska Eyresjön möter längsgående dyner som är utlöpare från Simpsonöknen. Här lever pungdjur som kaninpunggrävlingar, men också talrika fåglar, som stäpplöpare och pilgrimsfalkar.

Satellite: GeoEye-1
Acquisition Date: 2009-10-26

241

13°49.4' S / 143°33.4' E

M A F H S I T C P

PRINCESS CHARLOTTE BAY

This bay on the east coast of Australia's Cape York is part of the Great Barrier Reef Marine Park. The shallow water around the mangrove forests is home to sea cows and saltwater crocodiles.

Die Bucht an der Ostküste des australischen Cape York ist Teil des Great Barrier Reef Marine Parks. Im seichten Wasser der Mangrovenwälder leben unter anderem Dugongs und Salzwasserkrokodile.

Cette baie de la côte est du cap York, en Australie, fait partie du parc marin de la grande barrière de corail. Les eaux peu profondes des mangroves abritent entre autres des dugongs et des crocodiles d'eau salée.

De baai aan de oostkust van het Australische Cape York is onderdeel van het Great Barrier Reef Marine Park. In het ondiepe water van de mangrovebossen leven onder andere doejoengs en zoutwaterkrokodillen.

La bahía de la costa oriental del cabo australiano York es una parte del grupo de parques marinos de la Gran Barrera de Coral. En las aguas poco profundas de los manglares habitan, entre otros, dugonges y cocodrilos de agua salada.

La baia sulla costa orientale della Cape York australiana fa parte del Great Barrier Reef Marine Park. Nelle acque poco profonde delle foreste di mangrovie vivono, tra l'altro, dugonghi e coccodrilli d'acqua salata.

A baía da costa oriental do cabo York, na Austrália, pertence ao Parque Marinho da Grande Barreira de Recifes. Nas águas baixas dos mangais vivem, entre outros, dugongues e crocodilos-de-água-salgada.

Bukten på australiensiska ostkusten, Cape York, är en del av Stora barriärrevets marinpark. I det grunda vattnet i mangroveskogarna lever bland annat dugonger och saltvattenskrokodiler.

Satellite: QuickBird
Acquisition Date: 2004-03-23

243

15°33.0' S / 128°7.3' E

M A F H S I T C P

ORD RIVER

Cut into the surrounding plain, this river meanders towards its mouth in the protected Ord River Flood Plain. Many bird species and saltwater crocodiles are at home here.

Eingeschnitten in die umgebende Ebene mäandriert der Fluss durch den Mündungsbereich der geschützten Ord River Floodplains. Viele Vogelarten, aber auch Salzwasserkrokodile sind hier anzutreffen.

Sculptés dans la plaine environnante, les méandres du fleuve Ord traversent la zone protégée de son embouchure et de sa plaine alluviale. On peut y rencontrer de nombreuses espèces d'oiseaux, mais aussi des crocodiles d'eau salée.

Uitgesleten in de omliggende vlakte meandert de rivier door het mondingsgebied van het beschermde natuurgebied River Floodplains. Veel vogelsoorten, maar ook zoutwaterkrokodillen zijn hier vertegenwoordigd.

El río serpentea en la explanada circundante, por la desembocadura de las protegidas planicies aluviales del río Ord. Aquí se pueden encontrar muchas especies de aves, aunque cocodrilos de agua salada también.

Ritagliato nella pianura circostante, il fiume si snoda attraverso la foce delle Ord River Floodplains, le pianure alluvionali del fiume Ord. Molte specie di uccelli, ma anche coccodrilli d'acqua salata, trovano questo habitat ideale.

Entalhado na planície circundante, o rio Ord serpenteia perto da foz pela sua planície de inundação, que é zona protegida. Encontram-se aqui crocodilos-de-água-salgada, para além de inúmeras espécies de aves.

Inskurna i de omgivande höjderna, meandrar floden genom mynningsområdet av det skyddade Ord River Floodplains. Många fågelarter, men också saltvattenskrokodiler, hittar man här.

Satellite: GeoEye-1
Acquisition Date: 2010-05-10

245

32°35.7' S / 121°53.3' E

M A F H S I T C P

LAKE DUNDAS

West of Nullarbor Plain in south-western Australia lies this flat, saltwater lake overgrown with shrubs. Near the lake is the once important Norseman Gold Mine.

Westlich der Nullarbor Plain in Südwest-Australien liegt der flache, von dünenartigen, spärlich mit Sträuchern bewachsene Salzsee. Nahe dem See liegt die einst bedeutende Goldmine Norseman.

Ce lac salé, entouré de dunes et de rares buissons, se situe à l'ouest de la plaine de Nullarbor, au sud-ouest de l'Australie. La mine d'or de Norseman, autrefois très importante, se trouve non loin de ce lac.

Ten westen van de Nullarbor Plain in het zuid-westen van Austrialië ligt het ondiepe zoutmeer, omringd door duinen die spaarzaam met struiken zijn begroeid. Vlakbij ligt de ooit zo belangrijke Goldmine Norseman.

Al oeste del Nullarbor Plain, en el suroeste de Australia, yace el plano lago salado, cubierto de pocos arbustos y dunas. Cerca del río se encuentra la antiguamente conocida mina de oro Norseman.

A ovest della pianura di Nullarbor nel sud-ovest dell'Australia è situato un lago salato, poco profondo, con scarsa vegetazione. Vicino al lago si trova la miniera d'oro di Norseman, un tempo molto importante.

A oeste da planície de Nullarbor, no sudoeste da Austrália, encontra-se este lago salgado pouco profundo, rodeado por colinas cobertas por escassos arbustos. Perto do lago encontra-se a importante mina de ouro de Norseman.

Väster om Nullarborslätten i sydvästra Australien ligger den platta, dynartade och buskbeväxta Salzsjön. Nära sjön ligger det en gång betydande Goldmine Norseman.

Satellite: WorldView-2
Acquisition Date: 2010-05-08

247

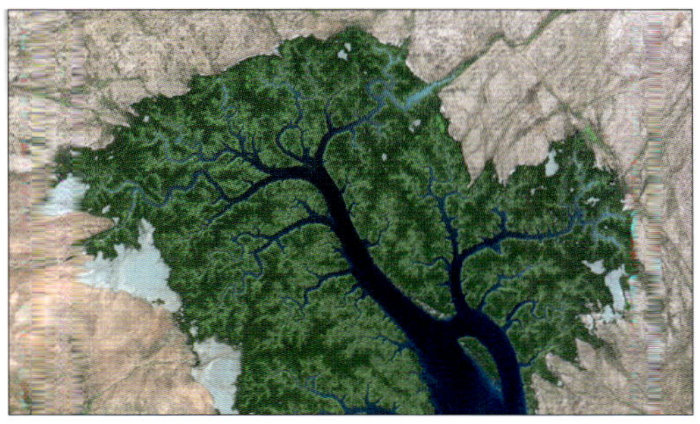

15°19.5' S / 125°9.0' E

M A F H S I T C P

SAINT GEORGE BASIN

The mangrove forests at the mouth of the Prince Regent River extend to the edge of the cliffs of the sandstone plateau. Besides the diverse species of birds, the rock wallaby is also found here.

Die Mangrovenwälder an der Mündung des Prince Regent River breiten sich bis zur Felsenkante des Sandsteinplateaus aus. Neben dem Vogelreichtum ist hier das Monjon (Felsen-Wallaby) erwähnenswert.

Les forêts de mangrove de l'estuaire du fleuve Prince Regent s'étendent jusqu'au pied de ce plateau rocheux de grès. Outre une grande variété d'oiseaux, on y trouve le monjon ou wallaby des rochers.

De mangrovebossen langs de monding van de Prince Regent River breiden zich uit tot de rotskanten van het zandsteenplateau. Naast de enorme vogelrijkdom is hier ook de Monjon (rotswalibi) te bewonderen.

Los manglares de la desembocadura del río Prince Regent se prolongan hasta los bordes de las rocas de la llanura de piedras arenosas. Además de la cantidad de aves, también es digno de mención el monjon (walabís de las rocas).

Le foreste di mangrovie alla foce del fiume Prince Regent si allungano al margine del pianoro roccioso di pietra arenaria. Oltre al regno degli uccelli qui si trova il Monjon (Rock Wallaby), molto degno di nota.

Os mangais da foz do Prince Regent River estendem-se até aos cantos rochosos do planalto de arenito. A par da abundância de aves, também se destaca o monjon (valabi-das-rochas).

Mangroveskogen vid mynningen av Prince Regent River breder ut sig till klippkanten av sandstensplatån. Utöver fågelrikedomen är monjonen (klipp-wallabyn) värd att nämna.

Satellite: GeoEye-1
Acquisition Date: 2011-09-08

249

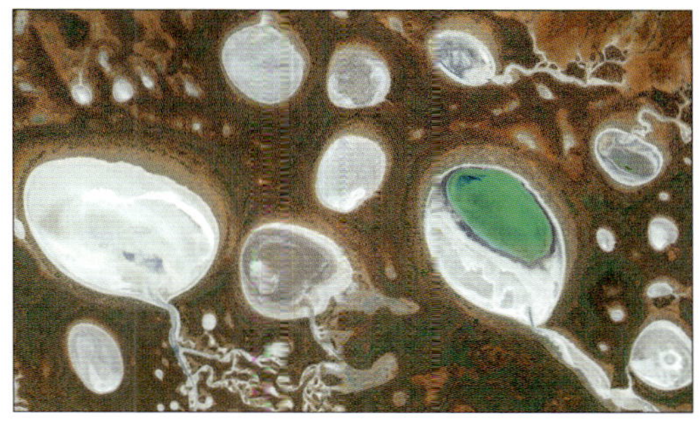

25°41.1' S / 123°6.0' E

M A F H S I T C P

LAKE BUCHANAN

In a depression at the edge of Australia's Gibson Desert are numerous small saltwater lakes. Their beautiful colours, derived from algae and minerals, contrast against the surrounding tree savannah.

In einer Senke am Rand der australischen Gibson Desert liegen zahlreiche kleine Salzseen. Durch ihre von Algen und Mineralstoffen hervorgerufenen Farben ergeben sie einen beeindruckenden farblichen Kontrast zur umgebenden Baumsavanne.

Cette vallée proche du désert de Gibson, en Australie, abrite de nombreux petits lacs salés. Les couleurs que leur donnent les algues et les minéraux contrastent avec la savane environnante.

In een laaggelegen gebied aan de rand van de Australische Gibson Desert liggen veel zoutmeertjes. De opvallende kleuren die worden veroorzaakt door algen en mineraalstoffen, contrasteren met de omliggende boomsavanne.

En una depresión junto al australiano desierto de Gibson se encuentra una gran cantidad de lagos salados. Con sus algas y minerales de llamativos colores contrasta con la sabana forestal de su entorno.

In una valle ai margini del deserto australiano Gibson ci sono numerosi laghetti salati. Il colore dato da alghe e minerali è in netto contrasto con la savana circostante.

Numa depressão na orla do deserto australiano de Gibson encontra-se um grande número de pequenos lagos salgados. As suas cores vistosas, devidas a algas e sais minerais, contrastam com a savana arbórea circundante.

I en sänka vid randen av den australiensiska Gibsonöknen ligger talrika små saltsjöar. Genom deras färger, som kommer av alger och mineraler, kontrasterar de mot den omgivande trådsavannen.

Satellite: WorldView-2
Acquisition Date: 2012-02-15

251

25°57.7' S / 113°48.6' E

M A F H S I T C P

L'HARIDON BIGHT

The hypersaline water and strong tides of this bay, located in the Shark Bay World Heritage Site, offers a special habitat for marine life.

Das hypersaline (stark salzhaltige) Wasser und die starken Gezeiten der zur Shark Bay World Heritage Site gehörenden Bucht bieten eine sehr spezielle Umwelt für Meereslebewesen.

L'eau hypersaline (fortement salée) et les puissants courants de Shark Bay, un site classé au patrimoine mondial de l'humanité, offrent un environnement particulier à la faune marine.

Het hypersaline (sterk zouthoudende) water en de getijdenverschillen van de tot de Shark Bay World Heritage Site behorende baai, bieden een zeer bijzondere omgeving voor zeeleven.

La gran cantidad de sal en el agua y las fuertes mareas de la bahía perteneciente al Shark Bay World Heritage Site ofrecen un hábitat muy especial para los animales marinos.

L'acqua ipersalina e le forti correnti della baia che arrivano dallo Shark Bay World Heritage Site offrono un ambiente speciale per la vita marina.

As águas hipersalinas e as fortes marés desta baía, pertencente a Shark Bay, um local classificado como Património da Humanidade, proporcionam um ambiente muito especial para os organismos marinhos.

Det hypersalina (starkt salthaltiga) vattnet och det kraftiga tidvattnet i bukten som hör till Shark Bay World Heritage Site erbjuder en speciell miljö för havslevande djur.

Satellite: GeoEye-1
Acquisition Date: 2011-03-20

253

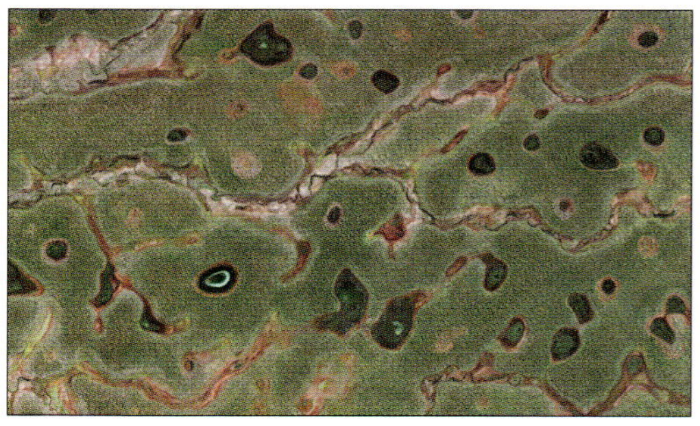

14°31.8' S / 141°46.6' E

M A F H S I T C P

PORMPURAAW

Barren soil makes large parts of Cape York unsuitable for agriculture. Eucalyptus forests and grass savannahs provide homes for numerous animal species, 40 of which are exclusive to this region.

Unfruchtbarer Boden macht weite Teile von Cape York für Landwirtschaft ungeeignet. Eukalyptuswälder und Grassavanne beherbergen zahlreiche Tierarten, von denen 40 nur hier vorkommen.

Le sol infertile autour du cap York le rend en grande partie impropre à l'agriculture. Les forêts d'eucalyptus et la savane herbeuse abritent de nombreuses espèces animales, dont 40 qui n'existent qu'à cet endroit.

Door de onvruchtbare grond zijn delen van Cape York niet geschikt voor landbouw. Eucalyptusbossen en grassavannes bieden leefruimte aan tal van diersoorten waarvan er 40 alleen in dit gebied voorkomen.

El terreno estéril hace que amplias zonas del cabo de York no sean apropiadas para la agricultura. Los bosques de eucalipto y la sabana de hierbas albergan gran cantidad de especies de animales, 40 de las cuales solo existen aquí.

Il terreno sterile rende gran parte di Cape York inappropriato per l'agricoltura. Le foreste di eucalipto e l'erba della savana ospitano numerose specie animali. Qui ne vivono infatti ben 40.

A aridez do solo torna extensas zonas do cabo York impróprias para a agricultura. Os eucaliptais e savanas herbáceas abrigam numerosas espécies animais, 40 das quais existem só aqui.

Ofruktbar mark gör stora delar av Cape York oanvändbart för jordbruk. Eukalyptusskogar och grässavanner ger plats åt talrika djurarter, av vilka 40 endast förekommer här.

Satellite: GeoEye-1
Acquisition Date: 2011-05-03

257

16°44.6' S / 144°5.2' W

M A F H S I T C P

HITI

On the barren soil of this atoll, formed by coral sand, in the Tuamotu Archipelago, vegetation is quite sparse; however, numerous sea birds make their home here including the Polynesian ground pigeon.

Auf dem kargen, von Korallensand gebildeten Boden des Atolls des Tuamotu-Archipels bleibt die Pflanzenwelt eher karg. Dagegen leben hier zahlreiche Seevogelarten, darunter die Polynesische Erdtaube.

La végétation est assez rare sur le sol aride de l'archipel des Tuamotu, formé de sable corallien. L'endroit est par contre l'habitat idéal de nombreuses espèces d'oiseaux de mer, dont le trugon terrestre de Polynésie.

Op de karige, uit koraalzand opgebouwde bodem van het atol van de Taumotu-archipel blijft ook de plantenwereld karig. Daarentegen leven hier tal van zeevogelsoorten waaronder de Polynesische grondduif.

La vegetación es más bien poca en el pobre atolón, cuya base está formada por arena coralina, del archipiélago Tuamotu. En cambio, aquí habitan numerosos tipos de aves marinas, como la paloma «Trugon terrestris» de la Polinesia.

Sul terreno sterile formato da sabbia corallina dell'atollo dell'arcipelago delle Tuamotu la vegetazione è piuttosto scarsa. Tuttavia, qui c'è l'ambiente ideale per molte specie di uccelli marini, tra cui la colomba polinesiana.

A **vegetação é escassa no solo pobre**, constituído por areia de coral, deste atol do arquipélago de Tuamotu. Vivem aqui, no entanto, numerosas espécies de aves marinhas, como a pomba-perdiz-da-polinésia.

På den karga marken av korallsand, på atollen i Tuamotuarkipelagen, förblir växtvärlden karg. Däremot lever talrika sjöfågelarter här, bland annat den polynesiska jordduvan.

Sensor: GeoEye-1
Acquisition Date: 2012-01-23

259

39°19.3' S / 174°3.1' E

M A F H S I T C P

MOUNT TARANAKI

This 2 518 m high conical volcano on New Zealand's North Island was designated a national park in 1900; at its edge, the rain forest gives way to cultivated lands.

Um den 2 518 m hohe Vulkan auf der Nordinsel Neuseelands mit seiner ausgeprägten Kegelform wurde 1900 ein Nationalpark errichtet, an dessen Grenze der Regenwald in kultivierte Flächen übergeht.

Ce volcan conique culminant à 2 518 m est situé sur l'île du Nord, en Nouvelle-Zélande. Il se trouve au cœur d'un parc national créé en 1900 et où la forêt pluviale se transforme en terres cultivées.

Rondom de 2 518 m hoge vulkaan op het noordereiland van Nieuw-Zeeland, met zijn uitgesproken kegelvorm, werd in 1900 een Nationaal Park ingericht dat op de grens overgaat in regenwoud en gecultiveerde vlaktes.

Entorno al volcán de 2 518 m de altura, situado en la Isla Norte de Nueva Zelanda con su característica forma cónica, se localizó un parque nacional, en cuyos límites de superficies refinadas discurre la selva tropical.

Intorno al vulcano alto 2 518 m della North Island in Nuova Zelanda, con la sua caratteristica forma a cono pronunciato, nel 1900 fu istituito un Parco Nazionale, ai cui confini la foresta pluviale si trasforma in terreni coltivati.

Em volta do vulcão de 2 518 m e de forma marcadamente cônica, da ilha Norte da Nova Zelândia, foi criado em 1900 um parque nacional, nas margens do qual a floresta pluvial dá lugar a áreas de cultivo.

På den 2 518 m höga vulkanen på Nya Zeelands nordö, med dess uttalade kägelform, inrättades år 1900 en nationalpark. Den ligger i gränstrakten där regnskogen övergår i odlad mark.

Satellite: GeoEye-1
Acquisition Date: 2009-07-16

261

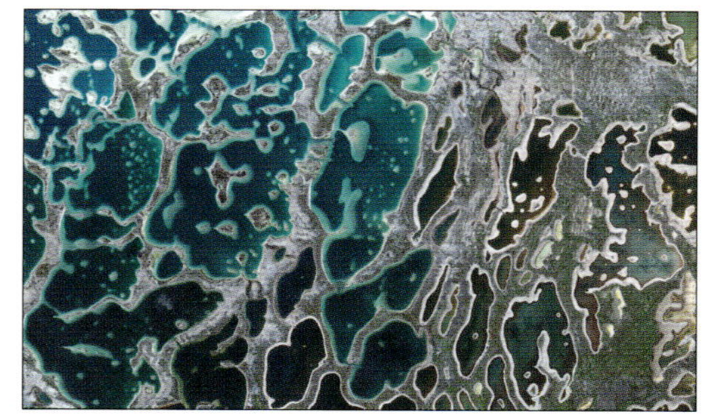

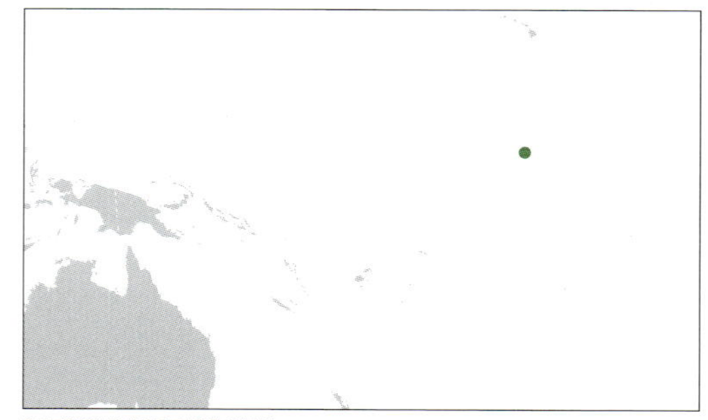

1°53.3' N / 157°23.9' W

M A F H S I T C P

KIRITIMATI

At 324 km², Kiritimati Lagoon is one of the world's largest and has been protected since 1975 as part of the Christmas Island Wildlife Sanctuary. Its numerous small islands are home to sea birds.

Mit 324 km² ist die Lagune Kiritimatis eine der weltweit größten und seit 1975 als Teil des Christmas Island Wildlife Sanctuary geschützt. Zahlreiche kleine Inseln bieten Lebensraum für Seevögel.

Avec ses 324 km², la lagune de Kiritimati est l'une des plus grandes lagunes du monde. Elle est protégée depuis 1975 et fait partie du Christmas Island Wildlife Sanctuary. De nombreuses petites îles abritent des oiseaux de mer.

Met 324 km² is de Lagune Kiritimatis een van de grootste ter wereld en als deel van het Christmas Island Wildlife Sanctuary sinds 1975 beschermd. Talrijke eilandjes bieden leefruimte aan zeevogels.

Con 324 km², la laguna de Kiritimati es una de las más extensas del mundo y está protegida por formar parte del Christmas Island Wildlife desde 1975. Numerosas islas pequeñas ofrecen un lugar para vivir a las aves marinas.

Con i suoi 324 km², la laguna del Kiritimatis è una delle più grandi al mondo e, dal 1975, fa parte del Christmas Island Wildlife Sanctuary. Le numerose isolette sono l'habitat di uccelli marini.

Com 324 km², a lagoa de Kiritimatis é uma das maiores do mundo e está protegida desde 1975, fazendo parte do Santuário de Vida Selvagem da Ilha Christmas. As numerosas pequenas ilhas constituem o habitat de aves marinhas.

Med sina 324 km² är Kiritimati en av världens största laguner. Sedan 1975 hör den till Christmas Island Wildlife Sanctuary. Talrika små öar ger livsrum åt sjöfågel.

Satellite: GeoEye-1
Acquisition Date: 2011-10-10

263

50°38.4' S / 166°10.8' E

M A F H S I T C P

AUCKLAND ISLAND

Valleys carved by glaciers mark the form of the largest of the Auckland Islands south of New Zealand. The island is home to ironwood trees, sea lions, fur seals and penguins.

Von Gletschern ausgeschliffene Täler prägen die Form der größten der südlich von Neuseeland gelegenen Auckland-Islands. Die Insel ist Lebensraum für Eisenholzbäume, Seelöwen, Seebären und Pinguine.

Ces vallées creusées par les glaciers façonnent la plus grande des îles Auckland, au sud de la Nouvelle-Zélande. Cet île est l'habitat naturel des arbres de fer, des otaries, des ours de mer et des pingouins.

De door gletsjers uitgesleten dalen vormen het grootste van de Auckland Islands ten zuiden van Nieuw-Zeeland. Het eiland biedt levensruimte aan de Perzische IJzerhoutboom, zeeleeuwen, zeerobben en pinguïns.

Los valles tallados por glaciares caracterizan la forma de la isla más grande de las sureñas islas Auckland situadas en Nueva Zelanda. La isla es el hogar de robles, leones marinos, osos marinos y pingüinos.

Le valli levigate dai ghiacciai caratterizzano la forma della più grande isola dell'arcipelago delle Isole Auckland, a sud della Nuova Zelanda. L'isola è l'habitat ideale per alberi Ironwood, leoni marini, foche e pinguini.

Os vales escavados por glaciares caracterizam a forma da maior das ilhas Auckland, situadas a sul da Nova Zelândia. A ilha é habitat de árvores de pau-ferro, leões-marinhos, ursos-marinhos e pinguins.

Utstickande delar från glaciärer präglar formen på Aucklandöarna, som ligger söder om Nya Zeeland. Öarna är habitat för ironwoodträd, sjölejon, sjöbjörnar och pingviner.

Satellite: QuickBird
Acquisition Date: 2009-0121

265

42°52.0' S / 171°53.3' E

M A F H S I T C P

POULTER RANGE

The eastern slopes of the Southern Alps receive less rain and are home to extensive beech forests with a clearly defined tree line and the Kea, a New Zealand species of parrot.

Die ausgedehnten Buchenwälder an den Hängen im regenärmeren Osten der Southern Alps, deren Baumgrenze sehr klar definiert ist, beheimaten den Kea, eine neuseeländische Papageienart.

Les précipitations sont rares sur le versant est des Alpes du Sud, où poussent de vastes forêts de hêtres, clairement délimitées et abritant le kea, une espèce de perroquet de Nouvelle-Zélande.

De uitgebreide beukenbossen op de hellingen van het regenarme oosten van de Zuidelijke Alpen, waarvan de boomgrens zeer duidelijk gedefinieerd is, biedt leefruimte aan de Kea, een Nieuw-Zeelandse papegaaisoort.

Los amplios hayales junto al corazón del poco lluvioso oeste de los Alpes del Sur, cuyo límite de arboledas es muy notorio, albergan el kea, un papagayo neozelandés oriundo de la zona.

Gli estesi faggeti sulle pendici brulle a est delle Southern Alps, il cui limite è delineato chiaramente, ospitano il kea, un pappagallo della Nuova Zelanda.

As extensas florestas de faias que cobrem as vertentes mais secas na região oriental dos Southern Alps, cuja linha de árvores está claramente definida, proporcionam abrigo ao kea ou papagaio-da-nova-zelândia.

De omfattande bokskogarna på sluttningarna i östra delen av södra Alperna, där trädgränsen är klart definierad, är hem för kean, den nyzeeländska papegojarten.

Satellite: WorldView-2
Acquisition Date: 2007-04-10

267

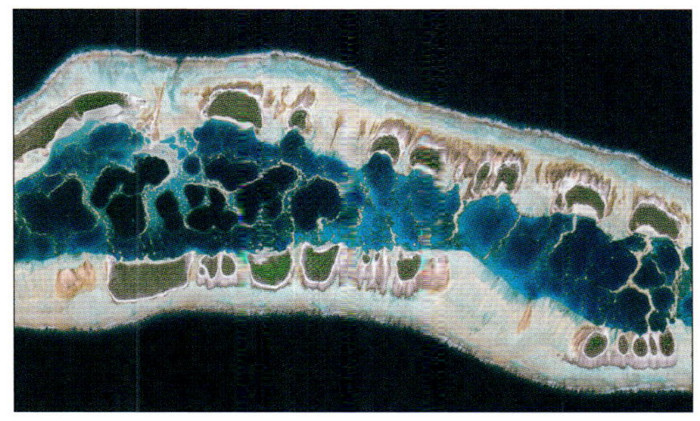

9°57.7' S / 150°12.2' W

M A F H S I T C P

MILLENNIUM ISLAND

This atoll belonging to Kiribati is covered with coconut palms and home to one of the world's largest populations of coconut crabs, which can weigh up to 4 kg

Das zu Kiribati gehörende Atoll ist von Kokospalmen bedeckt, die einer der größten Populationen des Palmendiebs, einer bis zu 4 kg schweren Krabbenart, gute Lebensbedingungen bieten.

Cet atoll, qui fait partie des Kiribati, est recouvert de cocotiers et offre ainsi un environnement idéal à l'une des plus importantes populations de crabes de cocotiers, une espèce pouvant peser jusqu'à 4 kg.

Het bij Kiribatie behorende atol is met kokospalmen bedekt die levensruimte bieden aan een van de grootste populaties kokoskrabben, een krabbensoort die tot 4 kg kan wegen.

El atolón perteneciente a Kiribati está cubierto de palmeras cocoteras, las cuales ofrecen cobijo y buenos recursos a una de las más grandes concentraciones de cangrejos de coco, pudiendo llegar a pesar 4 kg.

Questo atollo, che fa parte di Kiribati, è coperto di palme da cocco ed è l'habitat ideale di una delle più grandi popolazioni di granchi del cocco, che pesano fino a 4 kg.

Este atol que pertence a Kiribati está coberto de coqueiros, proporcionando boas condições de vida a uma das maiores populações de caranguejos-dos-coqueiros, uma espécie de caranguejo que pode pesar até 4 kg.

Atollen tillhör Kiribati och är täckt av kokospalmer, vilket ger goda levnadsbetingelser för en av de största populationerna av Palmendiebs, en upp till 4 kg tung krabbart.

Satellite: GeoEye-1
Acquisition Date: 2011-04-11

269

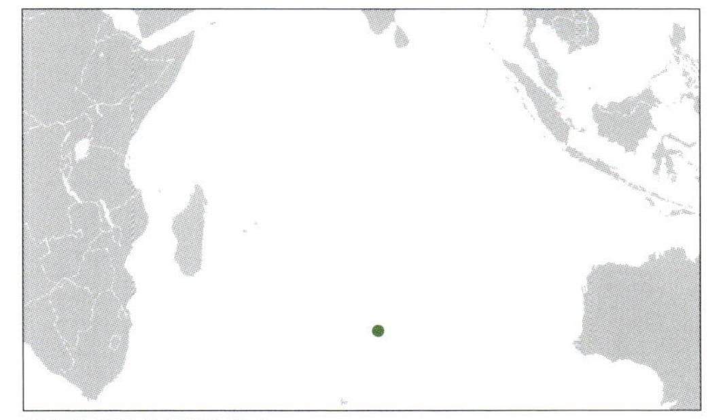

38°43.2' S / 77°31.2' E

M A F H S I T C P

ILE ST PAUL

The crater of this isolated volcanic island in the southern Indian Ocean was opened up to the sea through erosion and has become a bay. Sea birds and penguins make their home here.

Der Krater der abgeschieden im südlichen Indischen Ozean gelegenen Vulkaninsel wurde durch Erosion zum Meer geöffnet und in eine Bucht umgewandelt. Seevögel, aber auch Pinguine bevölkern die Insel.

Le cratère de cette île volcanique et isolée du sud de l'océan Indien s'est ouvert à la mer en raison de l'érosion, et s'est ainsi transformé en baie. L'île est peuplée d'oiseaux de mer et de pingouins.

De krater van het afgescheiden, in de zu delijke Indische Oceaan gelegen vulkaaneiland is door erosie voor de zee geopend en in een baai veranderd. Zeevogels, maar ook pinguïns bevolken het eiland.

El cráter de la retirada isla volcánica, situada al sur del océano Índico, se abrió al mar por la erosión, convirtiéndose así en una bahía. Las aves marinas, aunque también los pingüinos, habitan en esta isla.

Il cratere dell'isola vulcanica che giace nel sud dell'Oceano Indiano è stato riaperto a causa dell'erosione e trasformato in una baia. Gli uccelli marini e i pinguini popolano l'isola.

Devido à erosão, a cratera desta ilha vulcânica isolada, no sul do oceano Índico, abriu-se para o mar, transformando-se numa baía. A ilha é habitada por aves marinhas e pinguins.

Kratern på vulkanön som ligger ensligt i Indiska oceanen, har öppnats för havet genom erosion och förvandlat den till en bukt. Sjöfågel, men också pingviner, befolkar ön.

Satellite: WorldView-2
Acquisition Date: 2009-10-02

271

42°50.8' S / 172°8.2' E

M A F H S I T C P

MOUNT TURNBULL

The tree line in New Zealand's Southern Alps is strongly defined. The elevation and the availability of water are the primary criteria for determining which vegetation can survive here.

Die Baumgrenze in den neuseeländischen Southern Alps ist sehr scharf definiert. Neben der Seehöhe ist die Verfügbarkeit von Wasser das Hauptkriterium für die Existenz dichterer Vegetation.

La limite des forêts des Alpes du Sud, en Nouvelle-Zélande, est clairement définie. L'altitude et les ressources en eau sont les principaux éléments permettant l'existence d'une végétation dense.

De boomgrens van de Zuidelijke Alpen in Nieuw-Zeeland is zeer scherp gedefinieerd. Naast hoogte is de beschikbaarheid van water het hoofdcriterium voor het bestaan van dichte vegetatie.

El límite de arboledas en los Alpes el Sur de Nueva Zelanda está muy bien definido. Además de la altitud del lago, la disponibilidad de agua es la razón principal de la densa vegetación existente.

La linea degli alberi sulle alpi meridionali in Nuova Zelanda è ben definita. Oltre all'altitudine, il criterio principale per l'esistenza di una fitta vegetazione è la disponibilità di acqua.

A linha de árvores nos South Alps neozelandeses está muito bem definida. Junto ao nível do mar a disponibilidade de água é condição fundamental para a existência de uma densa vegetação.

Trädgränsen i de nya zeeländska sydalperna är tydligt definierad. Utöver höjden över havet är tillgången till vatten huvudkriteriet för tätare vegetation.

Satellite: WorldView-2
Acquisition Date: 2011-08-30

273

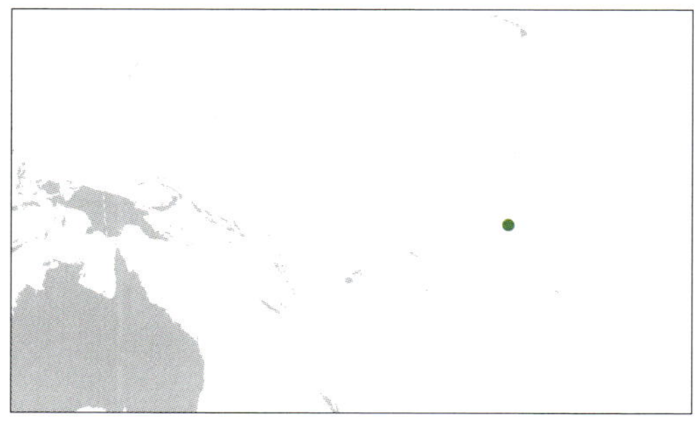

8°55.9' S / 158°2.5' W

M A F H S I T C P

TONGAREVA

On this sparsely settled atoll in the Cook Islands in the South Pacific, which rises almost 5 000 m above the sea floor, the original vegetation has been mostly replaced with coconut palms.

Auf dem dünn besiedelten Atoll der Cookinseln im Südpazifik, die sich fast 5 000 m über den Meeresboden erheben, wurde die ursprüngliche Vegetation weitgehend durch Kokospalmen ersetzt.

Sur cet atoll peu peuplé des îles Cook, dans le Pacifique Sud, et qui s'élève à près de 5 000 m au-dessus du niveau de la mer, la végétation d'origine a été en grande partie remplacée par des cocotiers.

Op het dunbevolkte atol van de Cook Islands in de zuidelijke Stille Oceaan, dat zich bijna 5 000 m boven de zeebodem bevindt, is de oorspronkelijke vegetatie zo goed als vervangen door kokospalmen.

Sobre el escasamente poblado atolón de las islas Cook, el sur del Pacífico, las cuales están situadas a casi 5 000 m sobre el nivel del mar, la antigua vegetación fue remplazada en gran parte por palmeras cocoteras.

Nell'atollo scarsamente popolato delle Isole Cook, nel Pacifico del Sud, che si trova a 5 000 m sul livello del mare, la vegetazione originaria è stata in gran parte sostituita da palme da cocco.

Neste escassamente povoado atol das ilhas Cook, no sul do Pacífico, que se elevam a quase 5 000 m acima do nível do mar, a vegetação espontânea foi quase totalmente substituída por coqueiros.

På den glest bebodda Cookön i södra Stilla havet, en ö som ligger på nära 5 000 m höjd över havsbotten, har den ursprungliga vegetationen till stor del ersatts av kokospalmer.

Satellite: WorldView-2
Acquisition Date: 2010-01-14

277

63°25.4' S / 57°2.7' W

M A F H S I T C P

BAHÍA ESPERANZA

Near the northernmost point of the Antarctic Peninsula is Bahía Esperanza. Located not far from the Antarctic Circle, the shadows of the mountains are very long in the dead of winter.

Nahe dem nördlichsten Punkt der Antarktischen Halbinsel liegt die Bahía Esperanza. Nicht weit vom Polarkreis sind im antarktischen Winter die Schatten der Berge sehr lang.

Bahía Esperanza se situe près de la pointe nord de la péninsule antarctique. Dans cette région proche du cercle polaire, les ombres des montagnes sont très longues en période d'hiver antarctique.

Vlakbij het meest noordelijke punt van Antarctica op het Antarctische schiereiland ligt de Bahía Esperanza. Niet ver van de poolcirkel zijn in de Antarctische winter de schaduwen van de berg zeer lang.

Cerca del punto norte de la Antártica, sobre la península Antártica, se encuentra la bahía Esperanza. No lejos del Círculo Polar, las sombras de las montañas son muy alargadas durante el invierno.

Vicino alla punta settentrionale dell'Antartide sulla Penisola Antartica si trova Bahía Esperanza. Qui, non lontano dal Circolo Polare Artico, durante l'inverno antartico, l'ombra delle montagne è molto lunga.

Perto do ponto mais setentrional da Antártida, na península Antártica, fica a baía Esperanza. Estando muito próximo do círculo polar, durante o inverno antártico as sombras das montanhas são extremamente longas.

Nära den nordligaste punkten i Antarktis, på Antarktiska halvön, ligger Bahía Esperanza. Inte långt från polcirkeln är bergens skugga mycket lång under vintern.

Satellite: QuickBird
Acquisition Date: 2008-08-25

279

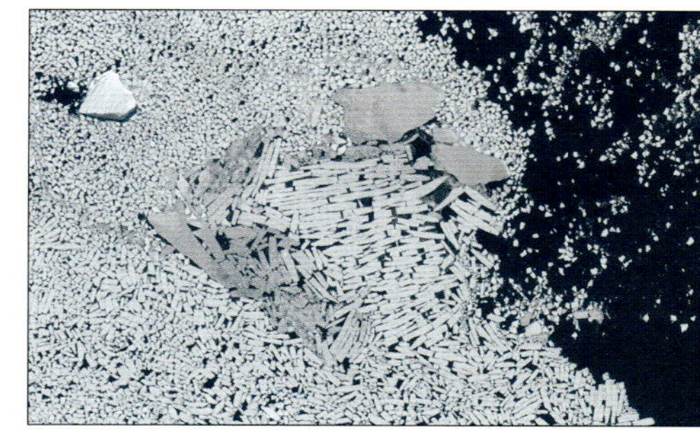

67°14.7' S / 59°9.2' E

M A F H S I T C P

KING EDWARD VIII GULF

Ice floes off the eastern Antarctic coast in autumn, near the end of the ice floe season, before the ice surface begins to refreeze.

Treibeis vor der Ostantarktis im antarktischen Herbst, nahe dem Endpunkt der Auflösung des Seeeises, bevor die Eisfläche wieder zu gefrieren beginnt.

Les blocs de glace dérivent au large des côtes est de l'Antarctique lors de l'automne antarctique, à la fin de la période de fonte des glaces, avant que ces surfaces gelées ne se reforment à nouveau.

Drijfijs voor het oosten van Antarctica in de Antarctische herfst nabij het eindpunt van het smeltende zeeijs, voor de zeevlakte weer begint te bevriezen.

El hielo flotante se forma frente al este antártico en otoño, cerca del final de la disolución de los lagos helados, antes de que la superficie de hielo vuelva a congelarse.

Il ghiaccio va alla deriva al largo dell'Antartide orientale durante l'autunno antartico, al termine del periodo di scioglimento del ghiaccio, prima che le pianure ghiacciate si congelino di nuovo.

Gelo flutuante diante da Antártida oriental, durante o outono antártico, perto da altura em que o gelo marinho para de derreter, antes de a superfície gelada começar de novo a congelar.

Drivis utanför Ostantarktis under den antarktiska hösten, nära punkten för havsisens upplösning och innan isytorna börjar frysa till igen.

Satellite: GeoEye-1
Acquisition Date: 2010-02-06

281

68°30.7' S / 78°18.2' E

M A F H S I T C P

VESTFOLD HILLS

First discovered in 1935, these cliffs carved by glaciers on the Antarctic coast are an "Antarctic Oasis", free from ice and covered by numerous lakes.

Die erst 1935 entdeckten, durch Gletscher abgeschliffenen Felsen an der antarktischen Küste bilden als eisfreie Fläche eine „Antarktische Oase", die von zahlreichen Seen bedeckt ist.

Découvertes en 1935 seulement, ces roches façonnées par les glaciers forment une plaine non gelée, une véritable « oasis antarctique » recouverte de nombreux lacs.

De door gletsjers afgesleten rotsen aan de Antarctische kust werden pas in 1935 ontdekt en vormen als ijsvrije vlakte een „Antarctische Oase" die met talrijke meren is bedekt.

Las rocas talladas por glaciares que se descubrieron en 1935 al lado de la costa antártica forman, al carecer de hielo, un «oasis antártico», el cual está cubierto por numerosos lagos.

All'inizio del 1935 si scoprì che attraverso le rocce levigate dai ghiacciai sulle coste antartiche si forma una pianura senza ghiaccio, un' «oasi antartica», coperta da laghi.

Os rochedos erodidos pelos glaciares na costa antártica, descobertos apenas em 1935, constituem um "oásis antártico" livre de gelo, coberto por numerosos lagos.

De av glaciärer slipade klipporna på den antarktiska kusten upptäcktes först 1935 och bildar som isfri yta en "antarktisk oas", som är täckt av talrika sjöar.

Satellite: QuickBird
Acquisition Date: 2006-02-06

283

64°33.1' S / 58°49.4' W

M A F H S I T C P

CAPE LONGING

This cape carved out by glaciers, with its striking steep coastline, originally came up against the now-collapsed Larsen ice shelf on the eastern coast of the Antarctic Peninsula.

Das von Gletschern abgeschliffene Kap mit seiner markanten Steilküste begrenzte ursprünglich das inzwischen teilweise kollabierte Larsen-Eisschelf an der Ostküste der Antarktischen Halbinsel.

Ce cap modelé par les glaciers, avec sa côte rocheuse déchiquetée, faisait partie de la barrière de Larsen, partiellement effondrée, sur la côte est de la péninsule antarctique.

De door gletsjers afgesleten kaap met zijn markante steile kust begrensde oorspronkelijk de inmiddels ten dele gedesintegreerde Larsen-IJsplaat aan de oostkust van het Antarctische schiereiland.

El cabo tallado por los glaciares, con sus agudos acantilados, delimitaba antiguamente la entonces parcialmente colapsada plataforma de hielo Larsen junto a la costa este de la península Antártica.

Il promontorio modellato dai ghiacciai, con le sue suggestive scogliere, originariamente limitava la piattaforma di Larsen parzialmente collassata sulla costa orientale della Penisola Antartica.

Este cabo desgastado pelos glaciares, com as suas escarpas impressionantes, delimitava outrora a plataforma de gelo de Larsen, hoje parcialmente colapsada, na costa oriental da península Antártica.

Kapen, med dess markanta klippkust som slipats av glaciärer, begränsade ursprungligen den nu delvis kollapsade Larsenishyllan på den antarktiska halvöns ostkust.

Satellite: GeoEye-1
Acquisition Date: 2010-09-13

285

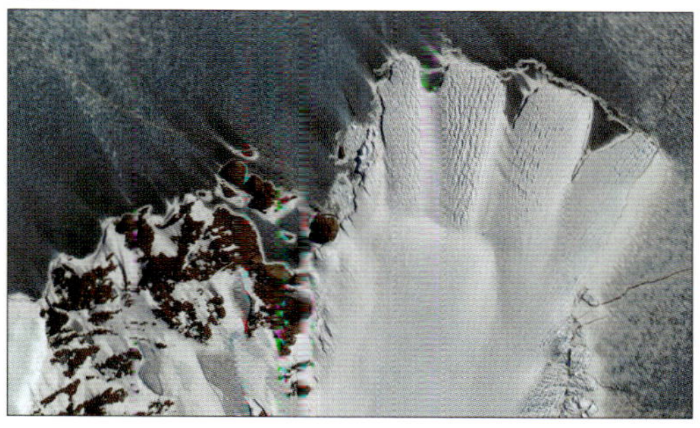

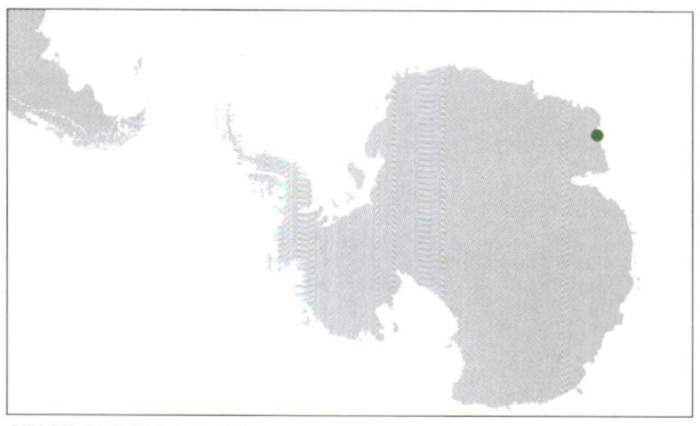

67°25.6' S / 60°49.7' E

M A F H S I T C P

MAWSON COAST

Several ice tongues from smaller glaciers with their characteristic fissures push towards the Indian Ocean. Icebergs are constantly breaking off the tip of these tongues to begin their journey across the sea.

Mehrere Eiszungen kleinerer Gletscher mit charakteristischen Bruchlinien schieben sich in den Indischen Ozean. An ihrem Ende brechen ständig Eisberge ab und begeben sich auf die Reise über das Meer.

De nombreuses langues de glace, formées de petits glaciers aux lignes de faille caractéristiques, plongent dans l'océan Indien. Des icebergs se détachent constamment de leurs extrémités et commencent leur voyage en mer.

Meerdere ijstongen van kleinere gletsjers met karakteristieke breuklijnen schuiven de Indische Oceaan in. Aan hun uiteinden breken constant ijsbergen af die hun weg vervolgen over de oceaan.

Varias lenguas glaciales de pequeños glaciares con características líneas fracturadas se arrastran por el océano Índico. Al final, rompen icebergs fijos y continúan su viaje hacia el mar.

Numerose lingue di ghiaccio di piccoli ghiacciai con le caratteristiche linee di frattura si muovono nell'Oceano Indiano. Alle estremità, si staccano gli iceberg e iniziano il loro viaggio attraverso il mare.

Várias línguas de gelo de pequenos glaciares com as características linhas de falha avançam para o oceano Índico. Na parte final soltam-se continuamente icebergues, que iniciam então a sua viagem para o mar.

Många istungor av mindre glaciärer med karakteristiska brottlinjer bildas i Indiska oceanen. Vid slutet av dem bryts hela tiden isberg av och ger sig ut på sin resa över havet.

Satellite: QuickBird
Acquisition Date: 2008-01-30

287

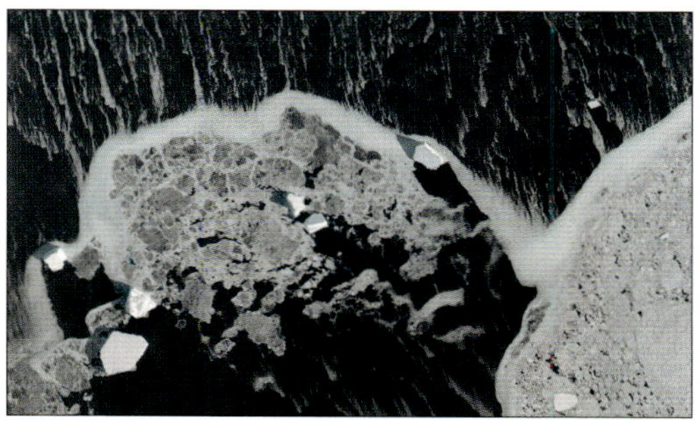

63°19.7' S / 56°55.2' W

M A F H S I T C P

ANTARCTIC SOUND

Ice floes with different thicknesses and ages push alongside individual smaller icebergs off the coast of Antarctica, while the wind blows snow from land out over the ocean.

Unterschiedlich dicke und alte Eisschollen treiben mit vereinzelten kleineren Eisbergen inmitten von Eisgries vor der Antarktis, während der Wind Schnee vom Festland über den Ozean weht.

Ces immenses plaques de glace, plus ou moins épaisses et anciennes, se déplacent en même temps que des plus petits icebergs au large de l'Antarctique, tandis que le vent chasse la neige de la terre ferme vers l'océan.

Verschillende dikke en oude ijsschotsen drijven tezamen met kleinere ijsbergen midden in het ijsgruis voor Antarctica terwijl de sneeuw van het vaste land over de oceaan blaast.

Distintos témpanos de hielo, gruesos y antiguos, se empujan con aislados y pequeños icebergs en medio de hielos grasos en la Antártica, mientras el viento helado del continente sopla sobre el océano.

Lastroni di ghiaccio galleggianti di diverso spessore si muovono con iceberg più piccoli al largo dell'Antartide nel ghiaccio oleoso, mentre il vento soffia la neve dalla terraferma attraverso l'Oceano.

Placas de gelo de várias espessuras e idades flutuam ao lado de pequenos icebergues isolados no meio do gelo fluido da Antártida, enquanto o vento espalha sobre o oceano a neve arrastada do continente.

Olika tjocka och gamla isflak driver med isolerade små isberg utanför Antarktis, medan vinden sveper snö från fastlandet över oceanen.

Satellite: QuickBird
Acquisition Date: 2008-08-25

Ecological Stress caused by:

- **M** Exploitation of natural resources
- **A** Agriculture and forestry
- **F** Fishing and aquaculture
- **H** Hunting
- **S** Housing developments
- **I** Transportation and energy infrastructure
- **T** Tourism
- **C** Climate change

P **Protected Area**

L'environnement est menacé par:

- **M** L'exploitation des ressources naturelles
- **A** L'agriculture et la sylviculture
- **F** La pêche et l'aquaculture
- **H** Le braconnage
- **S** L'extension des zones habitées
- **I** L'infrastructure des transports et énergétique
- **T** Le tourisme
- **C** Le changement climatique

P **Réserve naturelle**

Impresión ecológica por:

- **M** Explotación del subsuelo
- **A** Agricultura y silvicultura
- **F** Pesca y acuicultura
- **H** Caza furtiva
- **S** Ampliación de asentamiento
- **I** Transporte e infraestructura para energía
- **T** Turismo
- **C** Cambio climático

P **Reserva Natural**

Pressão ecológica devido a:

- **M** Delapidação de recursos do subsolo
- **A** Agricultura e silvicultura
- **F** Pesca e aquicultura
- **H** Caça furtiva
- **S** Expansão das áreas de povoamento
- **I** Infraestrutura de transportes e energia
- **T** Turismo
- **C** Alterações climáticas

P **Reserva natural**

Ökologischer Druck durch:

- **M** Ausbeutung von Bodenschätzen
- **A** Land- und Forstwirtschaft
- **F** Fischerei und Aquakultur
- **H** Wilderei
- **S** Erweiterung von Siedlungsraum
- **I** Verkehr und Energieinfrastruktur
- **T** Tourismus
- **C** Kimawandel

P **Naturschutzgebiet**

Ecologische druk door:

- **M** Uitbuiting van bodemschatten
- **A** Land- en bosbouw
- **F** Visserij en aquacultuur
- **H** Stropen
- **S** Uitbreiding van leefgebied
- **I** Verkeers- en energie-infrastructuur
- **T** Toerisme
- **C** Kimawandel

P **Natuurreservaat**

Pressione ambientale causata da:

- **M** sfruttamento delle risorse minerarie
- **A** politiche agricole e forestali
- **F** pesca e acquacoltura
- **H** bracconaggio
- **S** espansione di aree insediative
- **I** trasporti e infrastrutture energetiche
- **T** turismo
- **C** cambiamenti climatici

P **riserva naturale**

Ekologiskt tryck genom:

- **M** Utnyttjande av naturresurser
- **A** Jord- och skogsbruk
- **F** Fiske och vattenbruk
- **H** Tjuvjakt
- **S** Bebyggelsens utbredning
- **I** Trafik- och energiinfrastruktur
- **T** Turism
- **C** Klimatförändring

P **Naturreservat**

page 20-21, 24-25, 28-29, 32-33, 34-35, 36-37, 38-39, 40-41, 50-51, 54-55, 60-61, 62-63, 70-71, 72-73, 74-75, 76-77, 82-83, 84-85, 96-97, 100-101, 106-107, 114-115, 124-125, 144-145, 146-147, 160-161, 164-165, 178-179, 180-181, 184-185, 188-189, 194-195, 196-197, 198-199, 202-203, 212-213, 214-215, 218-219, 222-223, 230-231, 232-233, 234-235, 240-241, 244-245, 248-249, 262-263, 264-265, 268-269, 270-271, 272-273, 276-277, 280-281, 284-285, 286-287

page 12-13, 14-15, 16-17, 18-19, 22-23, 26-27, 30-31, 42-43, 44-45, 48-49, 52-53, 56-57, 58-59, 64-65, 66-67, 68-69, 78-79, 80-81, 88-89, 90-91, 92-93, 94-95, 98-99, 102-103, 104-105, 110-111, 112-113, 116-117, 118-119, 120-121, 122-123, 126-127, 128-129, 130-131, 132-133, 134-135, 138-139, 140-141, 142-143, 148-149, 150-151, 152-153, 154-155, 156-157, 158-159, 166-167, 168-169, 170-171, 172-173, 174-175, 176-177, 186-187, 190-191, 192-193, 200-201, 204-205, 206-207, 210-211, 216-217, 220-221, 226-227, 228-229, 236-237, 238-239, 242-243, 246-247, 250-251, 252-253, 256-257, 258-259, 260-261, 266-267, 278-279, 282-283